改訂第3版
10倍ラクする
Illustrator仕事術

ベテランほど知らずに損してる効率化の新常識

［著］鷹野 雅弘

サポートサイト

https://bit.ly/x10ai-2024

- 本書に記載された内容は、情報の提供のみを目的としております。したがって、本書を用いての運用はすべてお客様自身の責任と判断において行ってください。
- 本書の制作にあたっては正確な記述につとめましたが、著者や出版社のいずれも、本書の内容に関してなんらかの保証をするものではなく、内容に関するいかなる運用結果についてもいっさいの責任を負いません。あらかじめご了承ください。
- 本書中に掲載している画面イメージなどは、特定の設定に基づいた環境で再現される一例です。ハードウェアやソフトウェアの環境によっては、必ずしも本書通りの画面にならないことがあります。あらかじめご了承ください。
- 本書は2024年9月段階での情報に基づいて執筆されています。本書に登場するソフトウェアのバージョン、URL、製品のスペックなどの情報は、すべてその原稿執筆時点でのものです。執筆以降に変更されている可能性がありますので、ご了承ください。
- 本書中に登場する会社名および商品名は、該当する各社の商標または登録商標です。
- 本書では©およびTMマークは省略させていただいております。

はじめに

Illustratorに限らず、デザインワークを楽しく快適にする鍵は、派手な新機能よりも、日々の操作性の向上にあります。しかし、ベテランユーザーほど日々の業務に追われ、便利なツールや機能をじっくりと使い込む時間が取れないことと思います。

書店に並ぶ書籍は初心者向けが大半。そこで本書は「わかりきった基本操作を省略し、ベテランユーザーに喜んでもらえるトピックを紹介すること」をコンセプトにしています。サブタイトルの通り、「ベテランほど知らずに損してる」状態を脱し、さらにIllustratorを楽しむ一助になれば幸いです。

本書では定番の作例らしい作例はほとんどありません。この書籍で伝えたいのは原理原則の理解と合理化の追求。これをもとに、みなさんが素晴らしいデザインを生み出すことを期待しています!

改訂版によせて

前版(2014年)から10年が経過し、その後にリリースされたバージョンで追加された新機能や、新たに検証したトピックを加え、再編集したのが本書です。「わかりきったIllustratorの基本的な操作方法はバッサリと省略」というコンセプトは維持しつつも、インターフェイスやツールバーの扱いなどが変わったため、これらに関してもページを割いて解説しています。

お礼

SNSやセミナーなどを通じて、ある"お題"に対してユーザー同士が知恵を絞り合い、知見が集約されていく動きが見られました。本書で取り上げているトピックの中にも、そうしたコミュニティからヒントを得たものや、許可をいただいて掲載している内容が含まれています。トライ&エラーを重ねながら"ひらめき"を共有してくださった皆様に、心よりお礼を申し上げます。

2024年9月

鷹野 雅弘

本書の使い方

本書では、各ツールやメニューコマンドなど、Illustratorの基本的な操作方法の解説は割愛しています。

サンプルファイルの入手先

本書で使用しているサンプルデータは、サポートサイトからダウンロードできます。

https://bit.ly/x10ai-2024

本書で紹介しているリンク先や追加のサポート情報をサポートサイトに記載しますので、ぜひご参照ください。

対応バージョン

本書中の解説にはAdobe Illustrator 2024を使用しています。

- ユーザーインターフェイスを「明」に変更
- スクリーンショットはMac環境で撮影（macOS 14.6.1）

本書内では「Adobe」を省略し、「Illustrator」と表記します。

パス

Illustrator 2024（28.x）の場合、環境設定関連のファイルは次のパスに保存されます。異なるバージョンをお使いの場合は「28」の箇所を各バージョンの数字におき替えてください。

macOS

```
~/Library/Application Support/Adobe/Adobe Illustrator 28/ja_JP/
~/Library/Preferences/Adobe Illustrator 28 Settings/ja_JP/
```

Windows

Windowsのパスが記載されていない箇所では、読み替えてください。

```
Users¥<user>¥AppData¥Roaming¥Adobe¥Adobe Illustrator 28 Settings¥ja_JP¥
```

Illustratorのバージョンと整数バージョン

リリース時には西暦付き、その後は「28.6」のように表記されることが多いです。

製品名	バージョン	リリース
Illustrator 2025	29.x	2024年10月
Illustrator 2024	28.x	2023年10月
Illustrator 2023	27.x	2022年10月
Illustrator 2022	26.x	2021年10月
Illustrator 2021	25.x	2020年10月

表記について

- メニューから実行する操作は**メニューコマンド**と呼びます。
- メニューコマンドやチェックボックスに✓をつけた状態は**ON**、つけない状態は**OFF**と表記します。

用語について

本書では次のように統一しています。

カテゴリ	本書での呼び方	従来の呼び方や別名、補足
テキスト	**ポイント文字**	テキストオブジェクト、ポイントテキスト
	エリア内テキスト	テキストボックス
	テキストエリア	（テキストエリアが入るボックスのこと）テキストボックス、テキストフレーム
キー	**矢印キー**	カーソルキー
メニュー	**パネルメニュー**	パレットメニュー、フライアウトメニュー、オプションメニュー
画像形式	**ビットマップ画像**	ラスター画像
パス	**アンカーポイント**	アンカー、ポイント
操作領域	**ペーストボード**	アートボード以外の領域のこと 最近は「カンバス」と呼ばれることもある
アピアランス	**塗り属性**	塗りアピアランス
	線属性	線アピアランス
その他	**アートワーク**	テキスト、図形に限らず、Illustrator上で制作したもの

- **ドキュメント**はIllustratorで作業中の状態や内容を指し、**ファイル**はFinderなどで見える保存された実体を指します。
- フォルダ、ウインドウは、基本的に**フォルダー**、**ウィンドウ**で記述しています。

MacとWindowsのキーの対応表

Macでのキー表記を基本に、⌘+=(Ctrl+=)のように（ ）内にWindowsのキーを併記しています。

Windowsのキー表記が記載されていない箇所では、次の表を参考に読み替えてください。

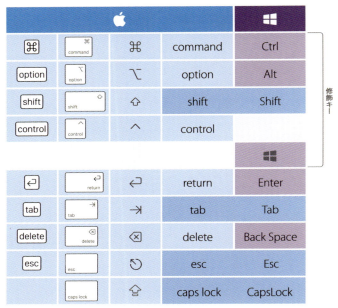

本書での表記

- returnキーとEnterキーは厳密には異なりますが、Illustratorでは区別しないため、同じものとして扱います。
- 「Finder」と書かれている場合、Windowsでは「エクスプローラー」のことを指します。矢印キーは↑←↓→でなく、▲◀▼▶で表記します。

Mac版のIllustratorではメニューコマンドに修飾キーが記号で表示されるため、記号表記を覚えておきましょう。

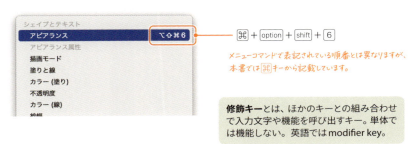

⌘ + option + shift + 6

メニューコマンドで表記されている順番とは異なりますが、本書では⌘キーから記載しています。

修飾キーとは、ほかのキーとの組み合わせで入力文字や機能を呼び出すキー。単体では機能しない。英語ではmodifier key。

6

Macのキーボードについている記号の意味

- ⌘（**コマンド**）：北欧の史跡などを示す交通標識に使われる記号がルーツ。元々は「キー」。併記された時代もあるが今は⌘だけ
- ⇧（**シフト**）：機械式タイプライターには、それぞれのアームに大文字と小文字が組み込まれていた。shiftキーを押すことでアームを上下に動かし、大文字／小文字や数字・記号を打刻していたことに由来
- ⌥（**オプション**）："こっちの道（やり方）もある"の意味

機械式タイプライターのアーム

これがメインの道路だけど…

"こっちの道もある"の意味

諸説あります。

Macのキートップ

USキーボード（US配列のキーボード）とJISキーボード（同様にJIS配列）ではキートップ（キーボードの各キーを上から見たときに書かれているテキストや絵柄）が異なります。

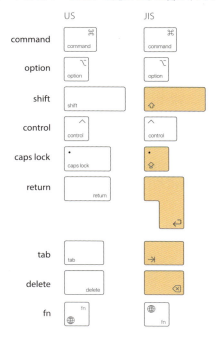

JISキーボードでは「shift」「caps lock」「return」「tab」「delete」の表記が消え、記号のみになっています。

Illustratorでの
作業効率を高めるための原理・原則

本書の基本となっている考え方です。あくまでひとつの参考としてお読みいただければ幸いです。文末の数字は該当ページを示しています。

重要な点

- Live & Sync を意識し、直しに強いデータを作る 50
- 「これを200回繰り返すとしたら…」を考える。手間を減らすことはミスを減らすこと
- ミスは起こるべくして起こる。意識や努力で防ぐのではなく、しくみで解決する

保存

- 保存への意識をシビアに
- 「⌘＋Ｓ」が最強のノウハウ
- 自動保存や復元に期待しない
- バックグラウンド保存（バックグラウンド書き出し）は使わない 291
- 別名保存を使い、物理的に別ファイルとして保存する 290
- アドビ（Creative Cloud Files）やアップル（iCloud）のサーバーソリューションは過信しない

不可解な挙動

Illustratorでの作業中、不可解な挙動が生じることがある。

- 削除したオブジェクトが見える
- パスがガタガタする

描画エラーが原因の場合、GPUプレビューのOFF/ONで解決することも多い。デフォルトで用意されているキーボードショートカット⌘＋Ｅを利用する。 22

強制終了を避ける

- Illustratorには**メモリ解放機能がない**ため、作業履歴が蓄積され続け、最終的に強制終了につながることがある。そのため、30〜60分ごとに定期的にIllustratorを再起動することを推奨（OSの再起動ではなく、Illustratorの再起動）。
- なるべくクリップボードを介さない
- 複数ファイルを開きすぎない

テキスト関連

文字入力

Illustrator上では基本的に文字入力は行わない。遅いだけでなく、落ちる原因。

- 入力するときには、三階ラボ謹製の「Edit Texts by Dialog」が必須 **226**
  プロ版がオススメ https://3fl.jp/is051/
- 別のエディタで入力し、GOROLIB DESIGNさんのスクリプトで**さしかえペースト 228**
- Windows環境では、インライン入力をOFFにする

フォント指定

次の機能を利用するだけで、フォント指定は確実に時短できる。

- フォントの検索機能 **114**
- **お気に入り 118**
- 各種フィルター **117**
- **最近使用したフォント**を「0」にして、リバウンド機能を復活させる **43**

整列

整列コマンドにキーボードショートカットをアサインできるが、次の理由からアクションやスクリプトを介して実行する。

- 設定できるキーボードショートカットに空きがない **193**
- **等間隔に分布**には対応していない **194**

ズームの達人になる

アートボード

- 全体表示
- アートボードの切替のキーボードショートカットを習得する **261**

オブジェクト

- **ズームツールの挙動**：環境設定の［パフォーマンス］カテゴリの［アニメーションズーム］を
  OFFにして従来の"マーキーズーム"に戻す **20**
- **選択範囲に合わせてズーム**を実現するためにスクリプトを使う **227**
  https://github.com/johnwun/js4ai/blob/master/ZoomAndCenterSelection.js

ツールとワークスペース

- 「右手はマウス、左手はキーボード」がIllustratorの作業でのホームポジション `36`

ツールの切り替え

- よく使うツールをカスタムツールバーに登録する `27`
- カスタムツールバーと「詳細」（＝全部入り）と併用するのがよい `26`
- よく使うツールは（ツールバーを使わず）キーボードショートカットで切り換える `37`
- 基本的に使うツールは左手でのみで切り換えられるように調整する `36`

ワークスペース

- パネルは開けば開くほど重くなる。よく使うパネルのみを、使いやすい位置に配置し「ワークスペース」として登録する `28`
- リセットのキーボードショートカットを設定する `29`

共有

- ドキュメント、アプリ、ユーザー間でデータを共有できるCCライブラリを活用する
- CCライブラリは壊れたり、見えないときがあるので、バックアップを念入りに `75`

自動化

アクション

- "手続き"的な作業にはアクションの利用を検討する `213`
- アクションの実行にはキーボードショートカットを設定する

スクリプト

「そもそもIllustratorではできないこと」「できなくはないけれど、チマチマやったら時間がかかり、ミスが生じやすい作業」にスクリプトを利用できないかを検討する。 `222`

Keyboard Maestro

Macユーザーであれば Keyboard Maestro の導入を検討する。 `224`

- メニューコマンドへのキーボードショートカット設定（controlを使えるように）
- スクリプトの前処理、後処理、連続処理
- アクションの実行

キーボードショートカットの枯渇問題 `224` の解決にもつながる。

各種設定

環境設定、パネルオプション、ツールオプション

- デフォルトの設定を見直す `38` `44`
- 作業内容に応じて切り換えて使う `46`

育てる系

- **ドキュメントプロファイル**を活用し、自分好みのIllustratorに育てる `280`
- キーボードショートカット `276`、アクション、合成フォント

設定ファイルのバックアップ（と同期）

どのマシンでも常に最新の環境になるように、次に挙げるファイルの原本をDropboxに置き、エイリアス（シンボリックリンク）を所定の場所に置く `277`

- キーボードショートカット（.kys）
- ドキュメントプロファイル（.ai）
- 合成フォント
- 環境設定関連のフォルダーごと

「アクション（.aia）」は、自分でファイルを書き出してバックアップする。

Illustrator以外

- 半年に1回程度、クリーンインストールを行う（移行アシスタントは使わない）

フォント管理

- モリサワやフォントワークスなどのサブスクを使っている場合、フォント管理は必須
- フォント数が多い場合、macOS標準のFont Book.appは使いものにならない
- Suitcase Fusion、Typeface App、FontBase、RightFontなどの選択肢がある
  ただし、**自動有効化**機能は使わない

ハードウェア環境ほか

- メモリは潤沢に（後から増設できないことがあるため、購入時に最大にする）
- ドライブの容量も余裕を持って。ドライブの空き容量が少なくなるとパフォーマンスが目に見えて落ちる
- 総合的にUSキーボードを使うのが合理的
- マウスやトラックパッド、キーボードにこだわる
- ディスプレイの高さと距離
- 椅子

目次

000 Illustratorでの作業効率を高めるための原理・原則 ……………………………… 8

Chapter 1
使いやすさを左右する基本

001 インターフェイス総点検 …………………………………………………………… 18
002 地味だけど、きっちりおさえておきたいツールバーとパネル、ワークスペース ………… 24
003 必ず身につけたい基本中の基本のキーボードショートカット ……………………… 34
004 あえてデフォルトのキーボードショートカットを消去/変更する ………………… 35
005 ツール切り替えのキーボードショートカットを見直す …………………………… 36
006 インストール後、必ず変更しておきたい環境設定 ………………………………… 38
007 インストール後、必ず変更しておきたいデフォルト設定 ………………………… 44
008 作業内容に応じて変更を検討すべきデフォルト設定 ……………………………… 46

Chapter 2
Live & Syncで"直し"に強いデータを作る

009 「直しに強いデータ」を作るLive & Syncという考え方 ……………………………… 50
010 アウトライン化しないままで文字の大きさや位置を調整できる文字タッチツール ……… 52
011 複合シェイプを使えば、仮の状態でパスファインダーを適用できる ……………… 54
012 メリットいっぱい、使ってこなかったことを後悔するシンボルの活用法 …………… 56

Chapter 3
アピアランスで柔軟なグラフィック表現を実現する

013 アピアランスの基本フローと効果メニューを理解する ……………………………… 64
014 グラフィックスタイルでアピアランスを一括更新できるようにする ……………… 72
015 グラフィックスタイルをほかのドキュメントで使うには …………………………… 74
016 ひと手間かかるテキストの角丸を表現するには ……………………………………… 76

017	柔軟に調整できるコラム風ボックス	78
018	アピアランスの〈線属性〉をオープンパスにする	84
019	テキストの背景に「座布団」を追加するアプローチと使い分け	92
020	カプセル型や角丸のアピアランスをメンテナンスしやすいように作る	98
021	自由度が高く調整できて、どんな文字にも対応できる「囲み文字」	101
022	自由にテキストを移動できて、"痩せない"くいこみ表現	104
023	配置画像へのアピアランスと、配置画像と一体化した「カード型」コラム風ボックス	108
024	「エリア内文字＋アピアランス」で広がるテキスト表現の効率化と可能性	110

Chapter 4
文字組みを美しく快適に仕上げるコツ

025	スピーディにフォントを指定する数々のテクニック	114
026	［文字］パネルの属性をスピーディに初期化する	120
027	自動カーニング機能を理解し、適切に使いこなす	123
028	文章内に異なる文字サイズがあっても均等な行間にするには	126
029	外字、丸数字、特殊な記号を入力する方法	128
030	縦組みでの欧文の扱いに迷わない	130
031	エリア内テキストをねらいどおりに調整する	132
032	文字組みの着眼点と設定方法	135
033	複数のフォントを混植する合成フォントの作成方法とコツ	140
034	アウトライン化されたオブジェクトからフォントを調べたり、テキストを復元する	148
035	用途に応じて適切な数字の字形を利用する	152
036	書式なしで文字列のみペーストする	154

Chapter 5

知っていたらラクできる効率的なデータ作り

037 すべてのカラーリングは〈オブジェクトを再配色〉におまかせ ……… 156

038 最速で作る水玉のパターン ……………………………………………… 163

039 デフォルトで用意されているベーシックパターン（水玉、ライン）を活用する … 166

040 ねらったオブジェクトをスピーディに選択する ……………………… 170

041 作業対象でないオブジェクトが邪魔にならないようにする ……… 176

042 選択しているオブジェクトを［レイヤー］パネルで探す ……………… 178

043 オブジェクトの移動をストレスなくこなすには ……………………… 179

044 直しに強く、スピーディに作成する表組みのベース ……………… 180

045 表組みのテキストを効率よく配置する …………………………… 189

046 デザインの核心を成す整列の基本 ………………………………… 192

047 ビューの回転を使いこなす …………………………………………… 200

048 正確なデザインに不可欠なガイドを使い倒す ……………………… 203

049 よく使う一連の操作はアクションに登録して、キーボードショートカットで実行 … 213

050 QRコードを作成するには …………………………………………… 218

051 ワークフローに組み入れるためのスクリプトの基本 ……………… 222

052 ChatGPTにスクリプト作成を依頼する手順やコツ ……………… 230

053 スクリプトファイルの管理のコツ …………………………………… 233

054 アンカーポイントを減らすには ……………………………………… 234

Chapter 6

トラブルを起こさないデータ配置のポイント

055 埋め込みとリンク、どう使い分ければいいか ……………………… 238

056 Illustratorでのリンクの仕組みとリンク切れの解決法 …………… 245

057 配置した画像を効率的に調整するには …………………………… 249

Chapter 7

アートボードの変更点と使いこなしのテクニック

058 アートボードとカンバスの基本と変更点 ………………………………… 254

059 トリミング表示とプレゼンテーションモードを使いこなす ……………… 255

060 アートボードの制約を受けずに広く使う ………………………………… 258

061 アートボードでストレスなく作業するポイント ………………………… 260

062 ドキュメント内のアートワークを個別に扱えるようにするには ……… 267

063 見開き出力を想定した制作物でのアートボードの扱い ……………… 270

064 白いオブジェクトが見やすくなるようにアートボードの背景色を設定する ……… 272

Chapter 8

環境設定を自分好みに育てていく

065 キーボードショートカットを"秘伝のタレ"として育てていく ………… 276

066 ドキュメントプロファイルを育てて自分好みのイラレにしていく ……… 280

Chapter 9

データの管理とやりとりで消耗しないために

067 Illustratorの保存でおさえておきたいポイント ………………………… 290

068 Illustratorドキュメントを受け渡す前に必ず利用したいパッケージ機能 ……… 293

069 IllustratorファイルをPDFに変換するときの基本 ……………………… 295

070 Illustratorドキュメントから"軽い"PDFファイルを書き出す ………… 304

071 ファイル名を付けるときに配慮したい4つのポイント ………………… 309

072 ファイルのやりとりなしにレビューしてもらえる〈レビュー用に共有〉 ……… 310

073 ミスやロスを防ぐための適切なロゴの受け渡し ……………………… 314

索引 …………………………………………………………………………… 316

著者プロフィール …………………………………………………………… 319

本書で使用しているフォント

InDesignで合成フォントを作成して使用しています。

- **本文**：Noto Sans CJK Regular ＋りょうゴシック Std R ＋ Myriad Pro Regular
- **見出し**：Noto Sans CJK Bold ＋りょうゴシック Std B ＋ Myriad Pro Semibold

使いやすさを左右する基本

1

001 インターフェイス総点検

まずは、インターフェイスまわりの変化をおさえておきましょう。

インターフェイス

ダークUIの変更

デフォルトでは暗めのグレーを基調とした「ダークUI」が採用されています。これを変更するには、［環境設定］の［ユーザーインターフェイス］カテゴリを開き、［明るさ］のオプションで調整してください。

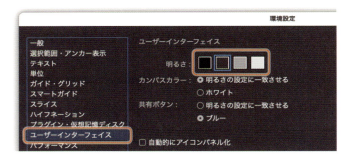

カンバスカラー

ユーザーインターフェイスの明るさは、ペーストボードのカラーに反映されます。ユーザーインターフェイスに「やや暗め」または「暗」を設定している場合、ペーストボードにスミ文字（カラーが黒のテキスト）を置いても、ほぼ読めません。

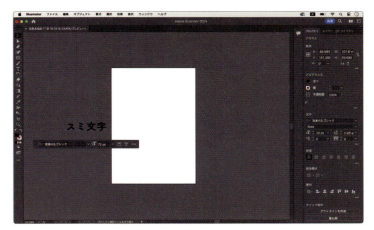

［ユーザーインターフェイス］の［明るさ］を暗めのままで使いたい場合は、カンバスカラーを変更するとよいでしょう。

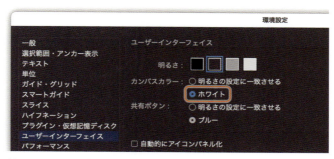

アートボード外に置いたスミ文字も読めるように、本書では［ユーザーインターフェイス］の［明るさ］を「明」に変更して進めます。

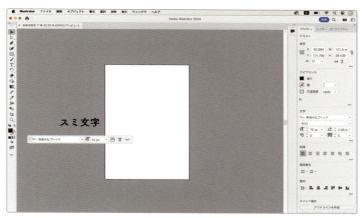

［カンバスカラー］を「ホワイト」に変更すると、ペーストボードのカラーも白になります。

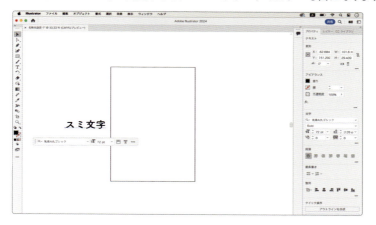

ズーム

アニメーションズーム

［ズームツール］の挙動が変わっています。［ズームツール］でドラッグすると、右方向で拡大、左方向で縮小します。

従来のマーキーズームに戻したい場合は、［環境設定］の［パフォーマンス］カテゴリの［アニメーションズーム］オプションを OFF にします。

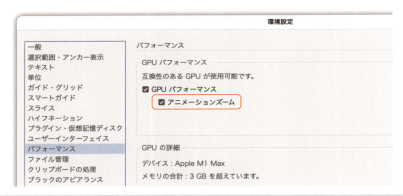

Photoshopでは**スクラブズーム**と呼んでいますが、Illustratorではロングプレス（マウスボタンを押したまま待つ）で拡大、option（Alt）を押しながらロングプレスで縮小する挙動も兼ねているため、**アニメーションズーム**と呼ばれています。

［共有］ボタンのカラー変更

デフォルトでは、アプリケーションバーの［共有］ボタンが**悪目立ち**しています。環境設定の［ユーザーインターフェイス］で［共有ボタン］を「明るさの設定に一致させる」に変更すると、ボタンのカラーがモノクロになります。

ズーム比率

最大拡大率が6,400%から64,000%に増大されています。「もう少し拡大できたらいいのに!」と、悔しい思いをされていた方に朗報です。

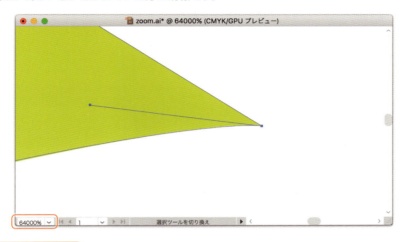

選択範囲へズーム

⌘(Ctrl)+=または+や⌘(Ctrl)+-のキーボードショートカットで、選択しているオブジェクトが自動的に中心にくるように画面が拡大・縮小されます。

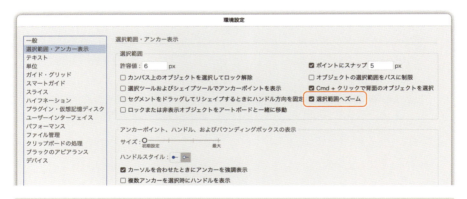

[選択範囲へズーム]は便利な機能ですが、ズームアウトする際にも選択したオブジェクトが中心になってしまいます。不便に感じる場合は、[選択範囲へズーム]オプションをOFFにするとよいでしょう。選択したオブジェクトを画面いっぱいにズームしたいときは、スクリプトを利用するのがおすすめです。
http://www.wundes.com/JS4AI/ZoomAndCenterSelection.js

描画とパフォーマンス

GPUプレビューには次のようなメリットがあります。

- 高速な描画
- スムーズなズームやパン
- リアルタイムプレビュー
- 大規模なアートボード対応

その一方、GPUプレビューが原因で次のような現象（描画エラー）が生じることがあります。

- パスがガタつく
  （アウトラインモードでは問題ない）
- 削除したはずのパスが見える

描画エラーが発生するときには、一度CPUプレビューに切り換えてから、再度GPUプレビューに戻してみてください。

GPUプレビューの状態とGPUプレビューのON/OFF

GPUプレビューの状態はドキュメントタブで確認し、［表示］メニューからGPU/CPUプレビューを切り換えます。

切り替えのキーボードショートカットは ⌘ + E （ Ctrl + E ）です。

GPUプレビューの状態	ドキュメントタブ	［表示］メニュー
ON	プレビュー	［CPUで表示］
OFF（CPUプレビュー）	CPUプレビュー	［GPUで表示］

なお、アウトラインモードではGPUプレビューは無効です。

テキスト編集

テキスト編集中の［手のひらツール］への切り替え

［手のひらツール］以外のツールを選択しているとき、スペースバーを押すと一時的に［手のひらツール］に切り替えられます。しかし、テキスト編集時にスペースバーを押すと、文字としてのスペースが入力されてしまいます。

- テキスト編集時には、option（Alt）で［手のひらツール］に切り替えます。
- テキスト編集時以外にも option（Alt）+スペース で［手のひらツール］に一時的に切り替えられますが、スペースが挿入されてしまうことがあります。

	スペースバーのみ	option+ドラッグ	option+スペースバー
テキスト編集時	スペースが挿入されてしまう	✋	✋
テキスト編集時以外	✋	-	✋

インライン入力

Mac環境のIllustratorではインライン入力をOFFにできません。インライン入力のままIllustrator上でテキストを入力・編集するのは現実的ではありません。スクリプトを使ってダイアログボックス内で入力するのがオススメです。

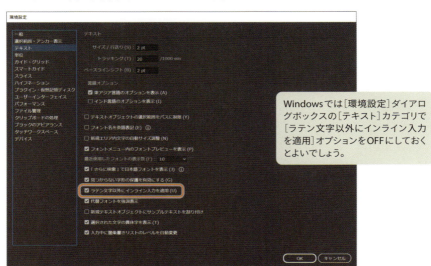

Windowsでは［環境設定］ダイアログボックスの［テキスト］カテゴリで［ラテン文字以外にインライン入力を適用］オプションをOFFにしておくとよいでしょう。

002 地味だけど、きっちり おさえておきたいツールバーと パネル、ワークスペース

Illustratorのツールは90個前後、パネルは50近くあります。しかし、よく使うものは限られていますので、使いやすくなるように工夫しましょう。

- 選択(操作)を速く
- 誤って選択(操作)することを避ける
- 特にパネルは探したり、整える時間を減らす

ツールバー

基本(ミニマム)

最近のIllustratorのデフォルトのツールバーには(サブツールを除くと)17個のツールしかありません。[ウィンドウ]メニューの[ツールバー]を確認すると[基本]が選択されています。

ツールバーはバージョンによって**ツールボックス**と呼ばれることがあります。

24

ツールバーを2列にする

上部の［>>］ボタンをクリック❶すると、ツールバーが2列表示になります。ツール下部の「塗り/線ボックス」が大きく表示され使いやすくなります。

ツールの追加

［基本］セットには17のツールしかありません。不足しているツールを追加するには、ツールバー下部の［…］アイコンをクリック❷して表示されるツールの一覧からツールバーにドラッグ＆ドロップ❸します。

ツールバーを2列にする

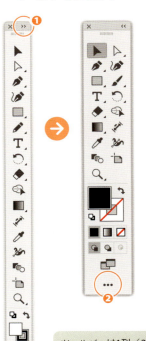

ツールを追加する

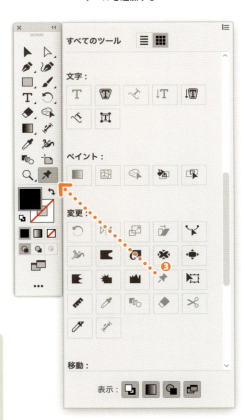

ツールバーは1列／2列を切り替えできます。

好みは分かれますが、2列表示には次のメリットがあります。

- 上下だけでなく、左右の情報と一緒に記憶できる
- 塗りボックスが大きく使いやすい

詳細（全部入り）

［**詳細**］を選択すると"全部入り"のツールバーが表示されます。

基本では表示されないツールがありますので、**詳細**に切り替えておくのがよいでしょう。

一方、詳細はツールが多く、探しにくい場合もあります。そこで、オススメは「詳細＋カスタムツールバーの組み合わせ」です。普段使いは**カスタムツールバー**、カスタムツールバーにない場合には**詳細**から選択します。

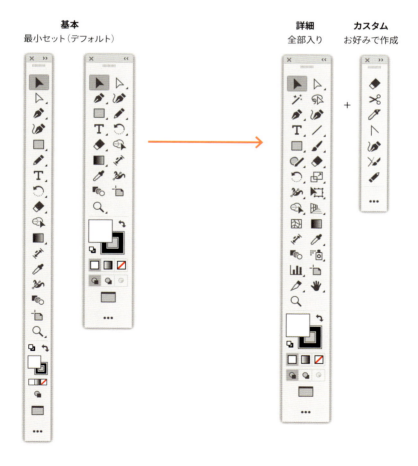

🏷 カスタムツールバー

90前後あるツールのうち、日々使うものもあれば、まったく使わないものもあるでしょう。もちろん、制作するコンテンツによっても使うツールは変わってきます。

そこでオススメしたいのが<u>自分なりのツールバー（カスタムツールバー）</u>を作ることです。

1. ［ウィンドウ］メニューの［ツールバー］→［新規ツールバー］をクリックして、ツールバー名を指定

2. 空のツールバーが表示されるので、下部の［…］をクリックしてツール一覧を表示
3. 目的のツールをドラッグ＆ドロップで追加

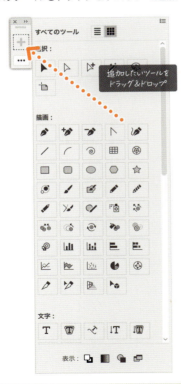

複数のカスタムツールバーを作成することも可能です。

パネル

ツールと同様、制作スタイルや制作物によって、パネルは次のように分類できます。

- 使う頻度が高いパネル
- たまに使うパネル
- まったく使わないパネル

ワークスペースの登録

50近くあるパネルは、すべて展開すれば画面が埋まります。そこで、よく使うパネルだけを定位置で使うためにワークスペースとして管理していきましょう。

1. 自分好みのパネル位置にしておく
2. ［ウィンドウ］メニューの［ワークスペース］→［新規ワークスペース］をクリック
3. ワークスペース名を指定

> 環境設定と異なり、ワークスペースは登録後に強制終了してしまうと保存されません。登録後は、Illustratorを再起動しておくことを推奨します。

ワークスペースの使いこなしのポイント（1）非表示のパネル位置も記憶する

ワークスペースは、非表示のパネル位置も記憶します。つまり、「普段は表示しておく必要がないけれど、表示するとしたらココ！」を設定できます。

ワークスペースの使いこなしのポイント（2）ワークスペースの更新

一度作ったワークスペースを編集する機能はありません。

変更したい場合には［ウィンドウ］メニューの［ワークスペース］→［新規ワークスペース］をクリックし、同じワークスペース名を入力して上書きします。

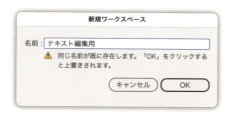

ワークスペースの使いこなしのポイント(3) リセット機能を活用しよう

制作を進めるうちに、使わないパネルが開いたままになったり、パネルが重なってワークスペースが乱雑になることがあります。そんなときに利用したいのが**ワークスペースのリセット**です。

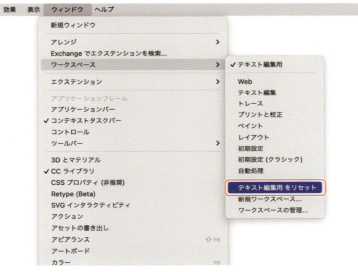

アプリケーションバーからアクセスすることもできますが、キーボードショートカットを設定しておくと便利です。

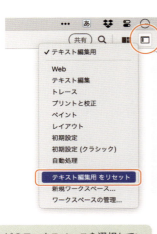

どのワークスペースを選択していても、同じキーボードショートカットでリセットできます。

29

［コントロール］パネルから［プロパティ］パネルへ

［コントロール］パネルは選択しているオブジェクトに応じて設定項目が変化するバーです。

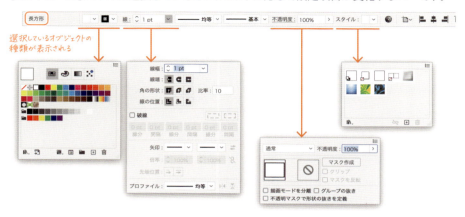

［コントロール］パネルの表示

現在のIllustratorのデフォルトでは［コントロール］パネルは表示されません。

［コントロール］パネルは［初期設定（クラシック）］ワークスペースに変更すると表示されます。
どのワークスペースでも［ウィンドウ］メニューの［コントロール］をクリックすると、表示されます。

［プロパティ］パネル

［コントロール］パネルと同様、選択しているオブジェクトに応じて設定項目が変化します。［コントロール］パネルに比べると、参照するパネルにより近い見た目になっているほか、[**クイック操作**]という便利なボタン類も用意されています。

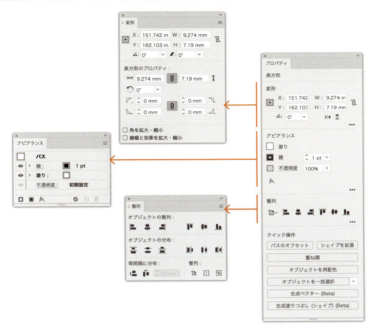

［水平方向に反転］、［垂直方向に反転］ボタン

［プロパティ］パネルだけに［水平方向に反転］、［垂直方向に反転］ボタンがあります。

- ［水平方向に反転］、［垂直方向に反転］は、［コントロール］パネルにも［変形］パネルにも［オブジェクト］メニューの［変形］コマンドにもない
- ［リフレクトツール］に比べ、クリックひとつで実行できるのはシンプルでスピーディ

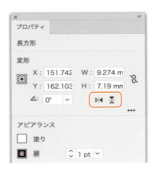

option（Alt）を押しながらクリックすると複製ができることを期待しますが、現時点ではこの機能はサポートされていません。

コンテキストタスクバー

選択しているオブジェクトの近くに〈コンテキストタスクバー〉が表示されます。
たとえば、テキストを選択しているときには、フォント、フォントサイズ、エリア内文字／ポイント文字の切り替え、テキストのアウトライン化の機能にスピーディにアクセスできます。

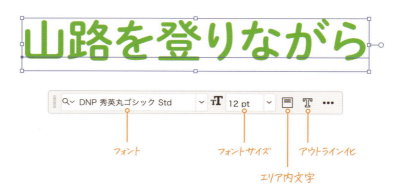

> フォントサイズの左の 🔲（文字サイズの変更）アイコンをクリックしても値の初期化はできません。

コンテキストタスクバーの位置を固定

便利な一方、オブジェクトに追従することが邪魔に感じることがあります。
その場合には、[…]メニューから[バーの位置をピン留め]を選択して、コンテキストタスクバーの位置を固定しておくとよいでしょう。

> あえて**ピン留め**を行わなくても、コンテキストタスクバーをドラッグして移動すれば、その位置で固定されます。

コンテキストタスクバーを非表示にする

コンテキストタスクバーを非表示にするキーボードショートカットはありません。現時点では、次の方法で非表示にします。

- ［ウィンドウ］メニューの［コンテキストタスクバー］をクリック
- ［コンテキストタスクバー］の［バーを非表示］をクリック

Photoshopではキーボードショートカットで表示/非表示をコントロールできますが、Illustratorでは、今のところ非対応です。

活用したい複製ボタン

コンテキストタスクバーでぜひとも活用したいのが、オブジェクトを選択時に表示される［オブジェクトを複製］ボタンです。クリップボードを介さずに同じ場所に複製されます。

クリップボードを介してのコピー＆ペーストは、Illustratorが"落ちる"大きな要因です。

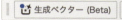

まとめ

ツールとパネルの数が増えているため、［コントロール］パネル、［プロパティ］パネル、コンテキストタスクバーなど、状況に応じて必要な機能を使いやすくするインターフェイスへと移行する流れになっています。

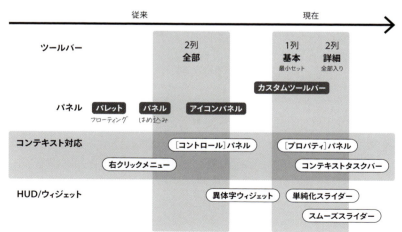

003 必ず身につけたい 基本中の基本のキーボードショートカット

ツールバー下部のカラー設定

ツールバー下部のカラー設定にはキーボードショートカットが用意されています。クリック操作よりも素早く切り替えができるため、効率を上げるためにも、ぜひこのショートカットを身につけましょう。

初期設定の塗りと線

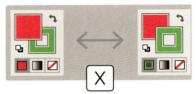
塗りと線のフォーカスを入れ替え

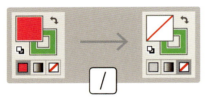
塗りを「なし」に

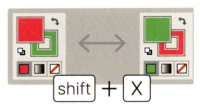
塗りと線のカラーを入れ替え

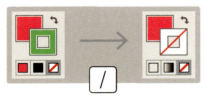
線を「なし」に

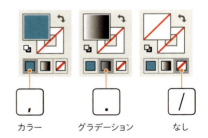
カラー　　グラデーション　　なし

キー	結果	覚え方
D	塗り／線を初期化（塗りは白、線は黒、1pt）	Default
/	選択している塗り（線）を「なし」に	
X	塗りと線のフォーカスを切り替え	eXchange
shift + X	塗りと線のカラーを切り替え	eXchange

004 あえてデフォルトのキーボードショートカットを消去/変更する

ミスは起こるべくして起こる

重大な事故やミスは、偶然ではなく、起こる原因が潜んでいるから発生します。つまり、ミスが起こる可能性がある状況では、いつか必ず誰かがミスをします。
意識や努力で防ぐのではなく、**しくみで解決する**ことが重要です。

［復帰］コマンドのキーボードショートカットを消去する

F12 には［復帰］コマンドのキーボードショートカットが割り当てられています。〈復帰〉は保存した時点の状態にドキュメントを戻す機能ですが、実行後は取り消しができません。そのため、意図しない復帰を行ってしまうと、保存後に行ったすべての編集が消えてしまいます。そこで、キーボードショートカット（F12）を消去してしまうのがよいでしょう。

単一のキーによるキーボードショートカットを変更する

修飾キーを使わず、単一のキーで設定されたキーボードショートカットは、意図せず発動しやすい傾向があります。たとえば、,.によるカラーやグラデーション設定が原因で、意図しないカラーリングをしてしまったというケースが多く報告されています。
「カラー、グラデーション、なし」のショートカットは消去するか、shift との組み合わせに変更しておくと誤操作を防げます。

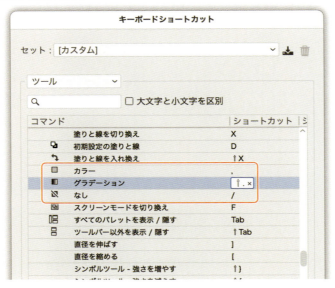

005 ツール切り替えの キーボードショートカットを見直す

Illustratorでの制作では「左手はキーボード、右手はマウス」が基本。ツールの切り換えやメニューコマンドのキーボードショートカットを左手のみで完結できるようにカスタマイズすると、右手の「マウス⇔キーボード」の移動が減り、はかどります。

長方形ツール、楕円形ツール

使用頻度の高い［長方形ツール］と［楕円形ツール］には、それぞれ、Ⓜ、Ⓛが割り当てられています。ⓂとⒷはキーボードの右側にあるため、押すためには右手をマウスから移動しなければなりません。［長方形ツール］をⓇ、［楕円形ツール］をⒺに変更すれば、右手を動かさずに左手だけで切り換えられます。

- ［**長方形ツール**］：Ⓡ（Rectangle）
- ［**楕円形ツール**］：Ⓔ（Ellipse）

XD/Figmaとの互換性も高まります。

	Ai	Xd	Figma
長方形ツール	M	R	R
楕円形ツール	L	E	O

> 環境設定を変更したり、新しいキーボードショートカットを設定すると、慣れるまでの間、生産性が落ちます。
> - 一度にたくさんではなく、少しずつ
> - 慣れるまでの期間が必要（定着のためには愚直な繰り返しが不可欠）

その他

使用頻度の低いツールは、思い切って変更しましょう。

キー		デフォルト		変更例	覚え方（例）
Q		なげなわツール		Shaperツール	
W		ブレンドツール		ペンツール	Write
E		自由変形ツール		楕円形ツール	Ellipse
R		回転ツール		長方形ツール	Rectangle
T		文字ツール			Text
A		ダイレクト選択ツール			Anchor
S		拡大・縮小ツール		シェイプ形成ツール	Shape Builder
D		初期設定の塗りと線			Default
F		スクリーンモードを切り換え		直線ツール	Figure
G		グラデーションツール		グループ選択ツール	Group selection
Z		ズームツール			Zoom
X		〈塗り〉と〈線〉を切り換え			eXchange color
C		はさみツール		スポイトツール	Copy Color
V		選択ツール			Vector

ピンクの背景部分はデフォルトをそのまま使う

006 インストール後、必ず変更しておきたい環境設定

Illustratorはさまざまな業種で使われていますが、どの機能をどのような設定で使うかはそれぞれです。Illustratorをインストールした直後の状態がベストというわけではありません。

設定変更を検討すべき環境設定を6つ紹介します。このほかにも「日々、面倒に感じていること」「〜だったら…」と思う場面でメモしておき、デフォルトを変更することを検討してみてください。デザイン制作の効率化だけでなく、ミスを減らすことにもつながります。

ツールの説明アニメーションをOFFに

ツールバーにマウスポインターを当てると、ツール名、キーボードショートカット、アニメーションなどで構成されるパネルが表示されます。これを**詳細なツールヒント**と呼びます。

Illustratorを勉強しはじめた人には嬉しい機能ですが、習熟されている場合には不要でしょう。

環境設定の［一般］カテゴリの［詳細なツールヒントを表示］をOFFにすると、詳細なツールヒントが表示されなくなります。

アートボードの移動や複製時に
非表示（ロック）のオブジェクトを一緒に扱えるようにする

アートボードをドラッグして移動するとき、次のようなメッセージが表示されます。

環境設定の［選択範囲・アンカー表示］カテゴリの［ロックまたは非表示オブジェクトをアートボードと一緒に移動］をONにすることで、非表示のオブジェクトやロックされたオブジェクトが一緒に移動（複製）されます。

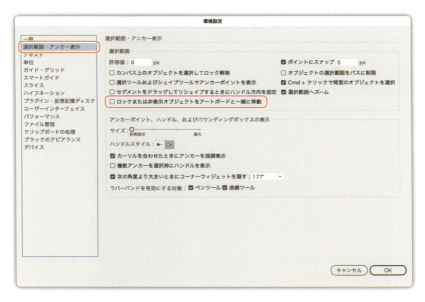

［ロックまたは非表示オブジェクトをアートボードと一緒に移動］の意味
実際には、アートボードの移動だけでなく、複製、およびコピー＆ペースト時の挙動を設定するオプションです。

異体字切り替えのミニパネルを非表示にする

テキストを1文字選択すると〈異体字ウィジェット〉と呼ばれるミニパネルが開き、その文字の異体字候補が表示されます。便利な反面、ちょっとした操作ミスで意図せず文字が切り替わってしまう恐れがあります。

この事故を防ぐために、環境設定の［テキスト］カテゴリで、［選択された文字の異体字を表示］をOFFにしておきましょう。

［字形］パネルで異体字切替を行うのが安全ですし、変換できるすべての候補が表示されますので、"急がば回れ"です。

Adobe Fontsが自動アクティベーションされるようにする

日本語フォントも充実しているAdobe Fontsをデザイン制作に使う人が増えています。ほかの方が制作されたデータ内で使われているAdobe Fontsが手元のPCにインストールされないとき、毎回、アクティベーション（＝有効化）するのは面倒です。

そこで、環境設定の［Adobe Fontsを自動アクティベート］をONにしておきましょう。

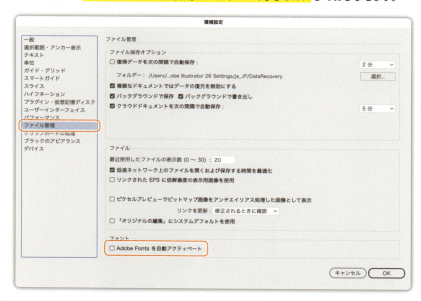

［テキスト］カテゴリにありそうですが、［ファイル管理］カテゴリにあることに注意してください。

エリア内文字の"文字あふれ"を解消する

テキストエリア（＝テキストボックス）に"文字あふれ"があるとき、バウンディングボックス下部中央から伸びている■をダブルクリックすると、自動サイズ調整が行われます。

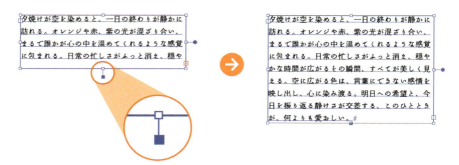

とても便利な機能ですが、エリア内テキストごとに設定するのは面倒です。環境設定の［テキスト］カテゴリで［新規エリア内文字の自動サイズ調整］をONにしておけば、それ以降に作成するすべてのエリア内テキストが文字あふれから開放されます。

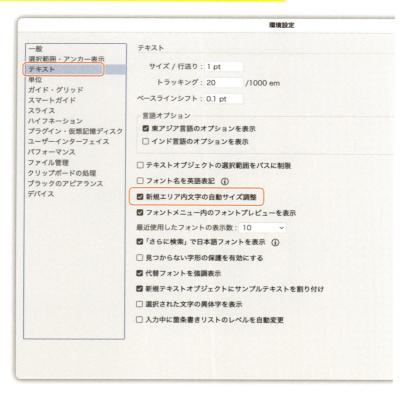

選択したフォントを以前のようにフォントリストにリバウンドさせる

フォントメニューを開いたときのリストの一番上には〈最近使用したフォント〉が表示されます。環境設定の［テキスト］カテゴリで［最近使用したフォントの表示数］を「0」に設定すると、以前のIllustratorのようにフォントリストに戻ります（**リバウンド**と呼びます）。

［最近使用したフォントの表示数］を「0」に設定することで、〈最近使用したフォント〉機能がOFFになります。〈最近使用したフォント〉機能も便利ですので、お好みで設定してください。

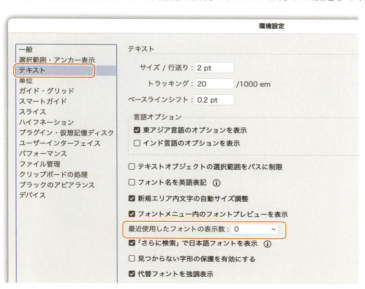

007 インストール後、必ず変更しておきたいデフォルト設定

［シェイプ形成ツール］の〈次のカラーを利用〉

選択したオブジェクトを［シェイプ形成ツール］でドラッグすると、デフォルトではスウォッチのカラーが適用されます。

ドラッグを開始するオブジェクトのカラーが適用されるように、［シェイプ形成ツール］のデフォルト設定を変更しましょう。

1. ツールバーの［シェイプ形成ツール］をダブルクリック
2. ［シェイプ形成ツールオプション］ダイアログボックスが表示されるので、［次のカラーを利用］の設定を「スウォッチ」から「オブジェクト」に変更

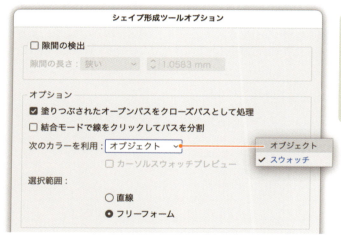

パスファインダーの「合体」機能では前面のオブジェクトのカラーが適用されますが、［シェイプ形成ツール］ではオブジェクトの前後関係に依存しませんので、より直感的に操作できます。

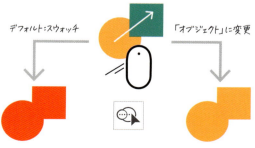

パスファインダー：合体時に余分なポイントを削除

2つのオブジェクトを合体すると、不要なアンカーポイントが残ってしまいますが、［アンカーポイントの削除ツール］を使って、個別に削除するのは面倒で時間がかかります。

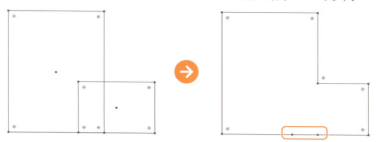

［パスファインダー］パネルメニューの［パスファインダーオプション］をクリックして［パスファインダー］オプションを開き、［余分なポイントを削除］オプションにONにしてから実行すると、**余分なアンカーポイントが消えます。**ただし、水平・垂直の直線に限ります。

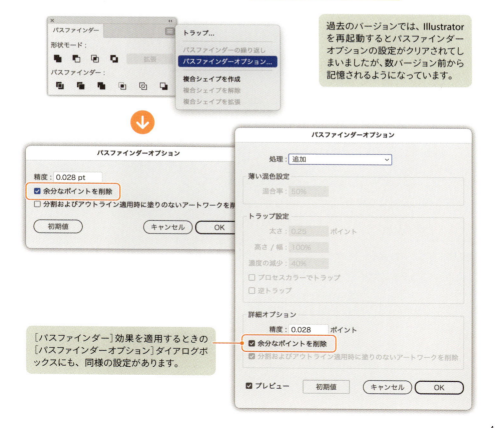

過去のバージョンでは、Illustratorを再起動するとパスファインダーオプションの設定がクリアされてしまいましたが、数バージョン前から記憶されるようになっています。

［パスファインダー］効果を適用するときの［パスファインダーオプション］ダイアログボックスにも、同様の設定があります。

008 作業内容に応じて変更を検討すべきデフォルト設定

作業内容によって、デフォルト設定の変更を検討しましょう。

コピー元のレイヤーにペースト

Illustratorで異なるレイヤーにあるオブジェクトを選択してコピー（カット）し、ペーストすると**ひとつのレイヤーに統合**されてしまいます。

元のレイヤーにそれぞれペーストするには、[レイヤー]パネルオプションで[コピー元のレイヤーにペースト]にチェックを入れておきます。

[コピー元のレイヤーにペースト]がオンになっていると、文字通り、コピーした元のレイヤーにペーストされます。

- 別のドキュメントにペーストするときにも有効です。該当するレイヤーがなければ自動で作成されます。
- アートボードをコピー＆ペーストする際にも役立ちます。

ガイドのロック

意図せずガイドが動いてしまうと困りますが、デフォルトではロックされていません。
[表示]メニューの[ガイド]→[ガイドをロック]をクリックしてガイドをロックしておきましょう。

パターンを変形／角を拡大・縮小／線幅と効果も拡大・縮小

拡大・縮小を行うとき、パターン、角（＝ライブコーナーの半径）、線幅を連動させるかのオプションがあります。

環境設定

環境設定の［一般］カテゴリの［パターンを変形］、［角を拡大・縮小］、［線幅と効果も拡大・縮小］オプションをON/OFFします。

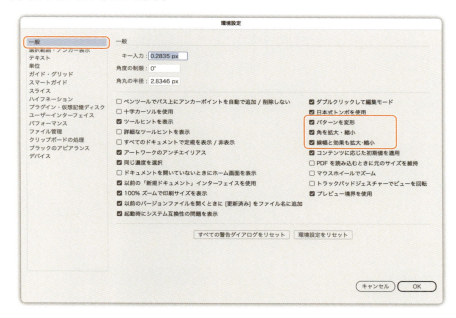

［変形］パネル

［変形］パネルでは、パターンと線幅のみ設定できます。

[拡大・縮小]ダイアログボックス／[変形効果]ダイアログボックス

適用するときに設定できます。

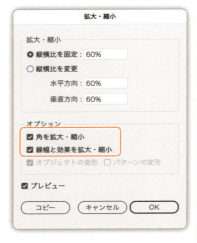
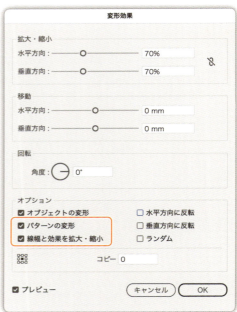

まとめ

	パターン	角	線幅
環境設定	✓	✓	✓
[変形]パネル	✓		✓
[拡大・縮小]ダイアログボックス	✓	✓	✓
[変形効果]ダイアログボックス	✓		✓

スクリプトで切り換え

宮澤聖二さんのスクリプト「Change Scale Strokes and Effects setting」の「設定のオンとオフを交互に切り替えるスクリプト」を使うと、ON/OFFを切り換えつつ、メッセージが表示されて確認できます。

Live & Syncで
"直し"に強いデータを作る

2

009 「直しに強いデータ」を作る Live & Syncという考え方

デザイン作業で避けられない「直し」は、レビュー対応だけでなく、ブラッシュアップの過程でも欠かせません。長期的な視点で見ると、修正に強いデータを作成することが重要です。そこで、Illustratorで制作する際に意識したいのが「Live & Sync」というフレームワークです。

「Live」は、後から何度でも修正可能な状態を維持することを意味し、「Sync」は、修正内容を自動で更新することを指します。どの機能が「Live」と「Sync」に該当するのかを理解しておくことで、効率的なデザイン制作につながります。

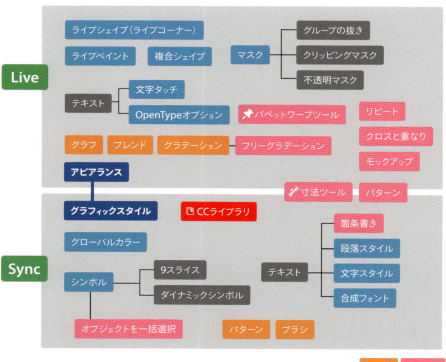

アピアランスとグラフィックスタイルは、LiveとSyncの2つの領域を唯一つなぐ存在であることからわかるようにIllustratorでの制作において非常に重要なポイントであり、効果的なデータ作りのキモです。**アピアランスは、グラフィックスタイルとして活用することで完結する**と言えます。

Live

後から何度でも修正可能にしておくこと。「仮」の状態であり、**非破壊**と呼ぶこともあります。

- アピアランス
- ライブシェイプ（ライブコーナー）
- ライブペイント
- 複合シェイプ（＝パスファインダーを仮に適用した状態）

次の機能もライブと言えます。

- マスク（クリッピングマスク、不透明マスク、グループの抜き）
- 文字タッチツール
- OpenType オプション
- グラフ
- ブレンド
- パターン
- グラデーション

近年、次の機能が加わりました。

- フリーグラデーション
- パペットワープツール
- パターン
- リピート（ラジアル、グリッド、ミラー）
- クロスと重なり
- モックアップ（ベータ）
- 寸法ツール

Sync

何か修正したら一括で更新されること。**親子関係**と呼んでもよいでしょう。

- グラフィックスタイル
- シンボル（9スライス、ダイナミックシンボル）
- グローバルカラー
- 段落スタイル／文字スタイル
- 合成フォント
- ブラシ
- パターン
- CC ライブラリ

010 アウトライン化しないままで文字の大きさや位置を調整できる文字タッチツール

キャッチコピーなどで文字を"踊らせて"表情を持たせることがあります。

文字ごとに位置、大きさ、角度などを調整したい場合、アウトライン化するのが正攻法ですが、フォントやサイズはもちろん、テキストの修正もできなくなってしまいます。
［文字タッチツール］を使って調整すれば、アウトライン化をせずに編集できます。

- 大きさ変更を行う際には（縦横比を保持できるように）右上の「○」をドラッグする
- 文字を移動したいときには、左下の●を使うほか、文字の上をドラッグする

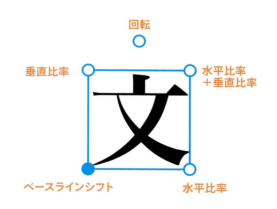

> キーボードショートカットは shift + T です。
> ［文字タッチツール］は2013年リリースのIllustrator CCからの機能。英語版では［Touch Type Tool］です。

非破壊

［文字タッチツール］での編集は非破壊のため、フォントを変更したり、テキストを打ち換えたりできます。

フォントを変更したら、文字間などの調整が必要です。

コツ

- 1行で使用するのが無難ですが、複数行でも問題はありません。
- 「左揃え」に設定しましょう。「中央揃え」では、全体が動いて操作が難しくなります。
- 文字を大きくすると、細く見えたり太く見えたりします。
  バランスが不自然な場合には、ウェイトの調整が必要になることがあります。
- 「メトリクス」(旧「自動」)を選択している場合、［OpenType］パネルで［プロポーショナルメトリクス］オプションをONにしておくと、意図しない箇所で文字が動くのを防げます。

下位バージョンへの互換性

［文字タッチツール］は、［文字］パネルの各設定項目をグラフィカルなインターフェイスで調整しているだけです。したがって、［文字タッチツール］がないバージョンに保存しても、アウトライン化されることはありません。

011 複合シェイプを使えば、仮の状態でパスファインダーを適用できる

図形同士の足し算・引き算とも言える「パスファインダー」機能。これまで「合体」や「型抜き」を行うと、直後に「取り消し」はできても、やり直しはできないのがIllustratorの常識でした。

この問題を解決するのが「**複合シェイプ**」です。複合シェイプを使用することで、==処理後もシェイプを編集可能な状態に保ちながら、パスファインダーの機能を活用でき、修正の自由度が大幅に向上します。==

複合シェイプの作成

複数のオブジェクトを選択し、[option]([Alt])を押しながら［パスファインダー］パネルの［合体］をクリックします。

［合体］は［パスファインダー］パネルメニューの［複合シェイプを作成］からも実行できます。

複合シェイプに対応しているのは［形状モード］の4つのみです。

たとえば、❶ を複合シェイプにすると ❷ のように合体したように見えますが、アウトラインモードにすると ❸、元の図形のパスが保持されていることがわかります。

❶ 適用前

❷ パスファインダー適用後
（プレビューモード：非選択状態）

❸ パスファインダー適用後
（アウトライン表示）

オブジェクトはグループ化された状態ですので、パスファインダーがかかったまま、構成するオブジェクトを［グループ選択ツール］で移動したり、変形したりできます。

選択オブジェクト編集モードを使うこともできます（176ページ参照）。

複合シェイプの拡張

複合シェイプを選択し、［パスファインダー］パネルの［拡張］ボタンをクリックすると、実際にパスが変更され、再編集は不可能になります。

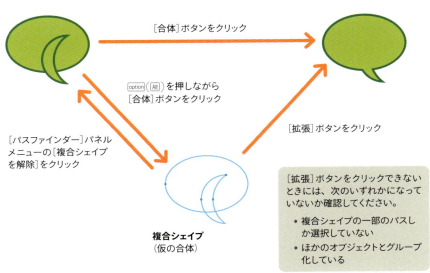

［合体］ボタンをクリック

option（Alt）を押しながら
［合体］ボタンをクリック

［拡張］ボタンをクリック

［パスファインダー］パネル
メニューの［複合シェイプ
を解除］をクリック

複合シェイプ
（仮の合体）

［拡張］ボタンをクリックできないときには、次のいずれかになっていないか確認してください。
- 複合シェイプの一部のパスしか選択していない
- ほかのオブジェクトとグループ化している

複合シェイプの入れ子

複合シェイプは、さらにほかの図形の組み合わせで複合シェイプにできます。吹き出しの"しっぽ"部分を複合シェイプにしておけば、後から"しっぽ"の形状を調整しやすくなります。

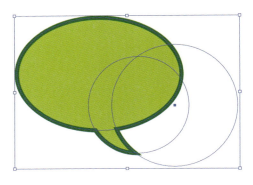

012 メリットいっぱい、使ってこなかったことを後悔するシンボルの活用法

シンボルに登録するには

シンボルの登録には、次の3つの方法があります。

A ［シンボル］パネルにドラッグ＆ドロップする
B 登録したいアートワークを選択し、［シンボル］パネルの［新規シンボル］アイコンをクリック
C 登録したいアートワークを選択し、F8 を押す

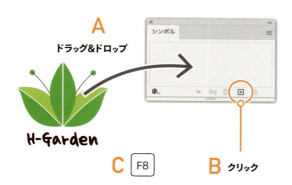

［シンボル］パネルの［新規シンボル］アイコンを、option（Alt）を押しながらクリック（B）すると、［シンボルオプション］ダイアログボックスをスキップできます。
しかし、強制的に「ダイナミックシンボル」になってしまいますので避ける方がよいでしょう。

いずれの場合にも［シンボルオプション］ダイアログボックスが開きます。

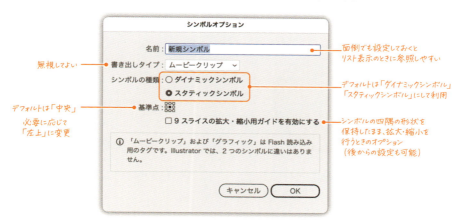

シンボルを使う4つのメリット

シンボルを使うと「軽くなる、保護できる、一括更新できる、置換できる」という4つのメリットがあります。

1. 軽くなる

地図上にコンビニのアイコンを配置することを考えてみましょう。

シンボルインスタンス
ドキュメント上に配置されたシンボルは「シンボルインスタンス」と呼びます。

アートワークを複製すると、その分だけ容量を消費してしまいますが、シンボルに登録してから複製すれば、ドキュメントには「シンボルを配置した」という情報のみが保存され、必要な容量はひとつ分だけで済みます。使い回しのパーツが多くなるほど、その恩恵は大きくなります。

ただし、シンボルではビットマップ画像は扱えないと考えた方がよいでしょう。シンボルに登録するには画像を埋め込む必要があり、その場合はシンボルの軽量化のメリットを得られません。

2. 保護できる

シンボルに登録すると、シンボルインスタンスではアンカーポイントやハンドルなどのパス操作ができなくなります。これにより、ロゴデータなど、誤って編集してはいけないアートワークを保護できます。地味ながら、シンボルを活用する大きなメリットです。

拡大縮小時の線幅や効果
環境設定や拡大縮小のオプションに関係なく、シンボルは**線幅や効果も含めて拡大・縮小**されます。拡大時には罫線が相対的に細くなるのを防げますが、縮小時には印刷に適さない罫線の太さになる可能性があるため、注意が必要です。

3. 一括更新できる

シンボルに登録すると、ドキュメント上のアートワークは「**シンボルインスタンス**」と呼ばれます。シンボル（マスター）とシンボルインスタンスは連動しています。
<u>修正を行うと、修正結果がすべてのシンボルインスタンスに一括で更新されます。</u>

シンボルの編集
シンボルを編集するには次の方法があります。

		操作	結果
A	［シンボル］パネルで	シンボルを	ダブルクリック	ドキュメント上にシンボルのみが表示される
B			選択し、パネルメニューから［シンボルを編集］をクリック	
C	ドキュメント上で	シンボルインスタンスを	ダブルクリック	編集するシンボルインスタンスのみがアクティブになる
D			［コントロール］パネルの［シンボルを編集］ボタンをクリック	

シンボルの編集後
いずれかの操作でシンボル編集を終了すると、すべてのシンボルインスタンスに編集内容が反映されます。

    A esc を押す
    B ドキュメントウィンドウ上部のグレーのバーをクリックする

4. 置換できる

ドキュメント上の**シンボルインスタンス**は、ほかのシンボルに置換できます。

1. ドキュメント上でシンボルインスタンスを選択し、[プロパティ]パネルの[シンボルを置換]をポップアップする（[シンボル]パネルの中味と同じものが表示される）
2. 置換したいシンボルをクリック

配置される際、シンボルオプションの[基準点]が、文字通り"基準"になります。地図のように「正確に同じ座標に、異なるアートワークを配置したい」ときに重宝します。

共通するシンボルインスタンスを選択

ドキュメント上の同じシンボルインスタンスをすべて選択し、まとめて置換できます。

シンボルインスタンスを選択するには、[選択]メニューの[共通]→[シンボルインスタンス]をクリックします。

応用例

［変形］効果との組み合わせ

［変形］効果を使ってシンボルを複製すれば、行列数などの変更に柔軟に対応できます。

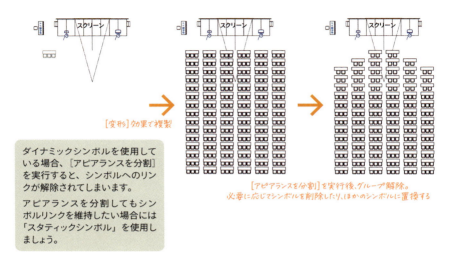

> ダイナミックシンボルを使用している場合、［アピアランスを分割］を実行すると、シンボルへのリンクが解除されてしまいます。
> アピアランスを分割してもシンボルリンクを維持したい場合には「スタティックシンボル」を使用しましょう。

［変形］効果の［移動］と［コピー］を使い、横方向、縦方向への移動、繰り返し数を設定します。

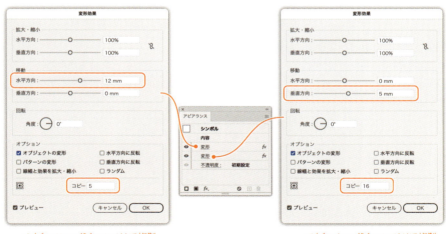

右方向に12mm移動しながら5回複製　　　下方向に5mm移動しながら16回複製

［アピアランスを分割］を行えば個別のシンボルになるので、不要な箇所を削ったり、シンボルの置換を行えます。

60

スライドのマスターとして利用する

プレゼンテーションのスライドマスターや定型フォーマットのページものを作成する場合、「背景」や「フッター」などの共有パーツをシンボル化しておくと、簡単に置換したり、修正時に一括変更できます。もちろん、全体のデータ容量の軽減にもつながります。

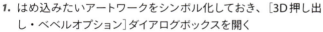

ノンブル（=ページ番号）を自動更新するようなことはできません。

マスターの変更を行うには、シンボルの置換を行います。

3Dマッピングの素材として利用する

Illustratorでパッケージなどを作成するとき、指定した面にロゴやパッケージ用のデザインをはめ込めます。

1. はめ込みたいアートワークをシンボル化しておき、［3D押し出し・ベベルオプション］ダイアログボックスを開く
2. ［マッピング］ボタンをクリックして［アートをマップ］ダイアログボックスを開き、左上のリストからはめ込みたいシンボルを選択

回転しているパーツ

アートワークそのものを回転して作成すると、後からの修正への対応が大変です。そこでパーツごとにシンボル化し、それぞれのシンボルに［変形］効果で回転を設定します。
変更時には水平のシンボルを編集すると効率的です。

パッケージの側面など、90度回転しているパーツなども、この要領で作るとよいでしょう。

アピアランスで
柔軟なグラフィック表現を
実現する

3

013 アピアランスの基本フローと効果メニューを理解する

Illustratorの「アピアランス」は、オブジェクトに適用される視覚的なスタイルや効果を指す機能です。塗り、線、影、透明度、ぼかしなど、さまざまな視覚的効果をオブジェクトに加え、レイヤーのように重ねて使用して**非破壊**的にデザインを調整します。

アピアランスの特長

アピアランスとは[アピアランス]パネルで行うすべてとも言えますが、特長は次のとおりです。

- **複数の塗りや線**：同じオブジェクトに複数の塗りや線を追加し、それぞれに異なるカラーや効果を適用可能。また、重ね順を変更できる
- **効果**：オブジェクトを角丸にしたり、テキストに図形を与えて座布団のようにするほか、影やぼかしなどのビットマップを加えられる
- **編集可能**：適用したアピアランスは、後から編集したり削除したりできるため、元のオブジェクトを破壊せずに変更可能
- **スタイルの保存**：作成したアピアランスは「**グラフィックスタイル**」として保存し、他のオブジェクトに再利用できる

Illustratorにアピアランス機能が導入されたのは、24年前のバージョン9.0です。この機能の登場により、デザインの柔軟性が飛躍的に向上し、それに伴ってデータの扱い方や保存方法も大きく変化しました。また、デザインの表現方法も進化を遂げ、より複雑かつ多様なデザインが可能になっています。

アピアランス機能とその関連機能は、一般に「**透明効果**」と称されます。

	Illustrator 8.0まで	9.0以降「透明効果」
塗りや線の数	塗りや線はひとつずつ	自由に追加できる
塗りと線の重ね順	線が上、変更できない	自由に変更できる
効果	フィルター（非破壊ではない）	✓
不透明度	×	0-100%で設定
描画モード	×	✓
内部的には	PostScirpt	PDF
入稿形式	ネイティブファイル（.ai）で入稿	PDF入稿
配置画像	EPS形式	ネイティブ形式（.psd）
テキスト	すべてアウトライン化	なるべくアウトライン化しない
透明の分割拡張	必須	不要
PDF入稿形式	PDF/X-1a	PDF/X-4
RIP	CPSI	APPE（Adobe PDF Print Engine）

アピアランスの適用の流れ（1）

円に［パンク・膨張］効果を適用する手順を通してアピアランスの基本を理解しましょう。

1. 円を描き、〈塗り〉を設定する

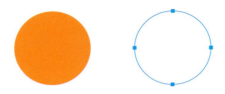

2. ［アピアランス］パネルを開き、上部の「パス」を選択 ❶
3. ［アピアランス］パネルの fx. ❷ から［パスの変形］→［パンク・膨張］をクリック ❸
4. ［パンク・膨張］ダイアログボックスが開くので適当な値を設定 ❹

5. ［OK］をクリックして［パンク・膨張］ダイアログボックスを閉じる
アートワークが変化したように見えるが、実際のパスは変化していない

［効果］メニューの［パスの変形］→［パンク・膨張］からも実行できます。

6. ［アピアランス］パネルの［パンク・膨張］をクリック❺すると、［パンク・膨張］ダイアログボックスが開く（値は直近に閉じたときのまま）

7. 値を変更して、ダイアログボックスを閉じる
8. 実際のパスは変化していない（何度でも繰り返し可能）

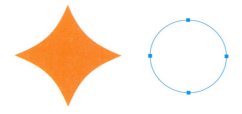

アピアランスを分割

1. ［オブジェクト］メニューの［アピアランスを分割］を実行

アピアランスを適用しているテキストをアウトライン化したい場合には、［アピアランスを分割］を先に行ってください。

2. 実際のパスが変化し、［アピアランス］パネルの［パンク・膨張］の文字も消失する❻

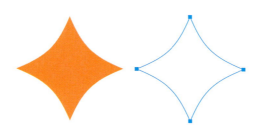

［取り消し］は可能ですが、円には戻せなくなります。

アピアランスの適用の流れ（2）ポストイット風メモ

ポストイット風の表現で背景の黄色い四角形を別オブジェクトで作成していると、文字が増減するたびに四角形の大きさを手動で変更しなければなりません。［形状に変換］効果を使うことで、文字の増減に合わせて自動で伸縮するように作成できます。

1. テキストを入力し、〈塗り〉と〈線〉を「なし」にする

2. ［アピアランス］で新規塗りを2回クリック ❶
3. 下の〈塗り〉を黄色に変更し ❷、パネル下部の fx. をクリックして ❸、［形状に変換］→［長方形］をクリック ❹
4. ［形状オプション］ダイアログボックスで［幅に追加］、［高さに追加］を「2mm」に ❺

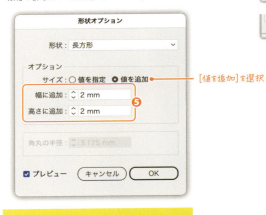

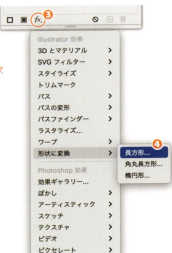

5. テキストの改行位置を変えると自動的に背面の黄色い長方形の大きさが変わる

> グラフィックスタイルには「文字」の〈塗り〉と〈線〉の情報は保持されません。そのため、**テキストにアピアランスを設定する際には、まず「文字」の〈塗り〉と〈線〉を「なし」にしておきます。**

> テキストの背面に図形を追加するには、いくつかのアプローチがあります（92ページ参照）。

［効果］メニューと［アピアランス］パネル

［アピアランス］パネルの fx. は、［効果］メニューからもアクセスできます。ただし、以下の3つのコマンドは［効果］メニューにしかありません。

- 前回の効果を適用
- 前回の効果
- ドキュメントのラスタライズ効果設定

［効果］メニューの［Illustrator効果］の展開図です。

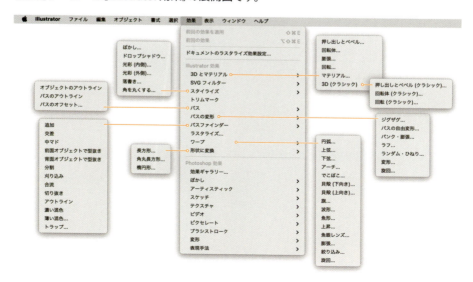

[効果]メニューのコマンドは、**他のコマンドを仮適用する役割を持つ**と考えるとわかりやすいでしょう。なお、ピンク色で示される部分は、[効果]メニュー独自のコマンドで、他に対応するものがありません。

効果	サブメニュー	対応するメニューコマンド、ツール	
3D	（省略）		
SVG フィルター	（省略）		
スタイライズ	ぼかし		
	ドロップシャドウ		
	光彩（内側）		
	光彩（外側）		
	落書き		
	角を丸くする		
トリムマーク		[オブジェクト]メニュー	[トリムマークを作成]
パス	オブジェクトのアウトライン	[書式]メニュー	[アウトラインを作成]
	パスのアウトライン	[オブジェクト]メニュー	[パス]→ [パスのアウトライン]
	パスのオフセット		[パス]→ [パスのオフセット]
パスの変形	ジグザグ		
	パスの自由変形	[自由変形ツール]の[パスの自由変形]モード	
	パンク・膨張		
	ラフ		
	ランダム・ひねり		
	変形	[オブジェクト]メニュー	[変形]→[移動]、 [回転]、[リフレクト]、 [拡大・縮小] ※シアーは非対応
	[ランダム]オプション		[変形]→[個別に変形]
	コピー		
	旋回	[うねりツール]	
パス ファインダー	追加、交差、中マド、前面オブジェクトで型抜き、背面オブジェクトで型抜き、分割、刈り込み、合流、切り抜き、アウトライン	[パスファインダー]パネル	
	濃い混色		
	薄い混色		
	トラップ		
ラスタライズ		[オブジェクト]メニュー	[ラスタライズ]
ワープ	円弧、下弦、上弦、アーチ、でこぼこ、貝殻（下向き）、貝殻（上向き）、旗、波形、魚形、上昇、魚眼レンズ、膨脹、絞り込み、旋回	[オブジェクト]メニュー	[エンベロープ] →[ワープを作成]
形状に変換	長方形		
	角丸長方形		
	楕円形		

［効果］メニューのそれぞれのコマンドが、具体的にどのような表現を実現するのかをざっくりと把握しておきましょう。

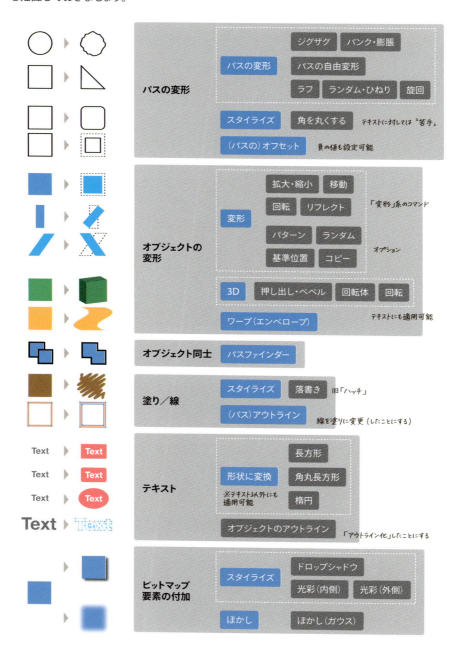

ドキュメントのラスタライズ効果設定

[ドキュメントのラスタライズ効果設定]では、〈ドロップシャドウ〉や〈ぼかし〉などの効果を適用したときの**ビットマップ要素の解像度**や背景の透過を設定します。

- 基本的には「高解像度（300ppi）」を選択
- ファイルサイズと処理速度を優先して作業中は「スクリーン（72 ppi）」や「標準（150 ppi）」を選択することもある

> 「Web」のプロファイルで制作したドキュメントを印刷向けに転用する際、設定変更を忘れやすいので注意が必要です。

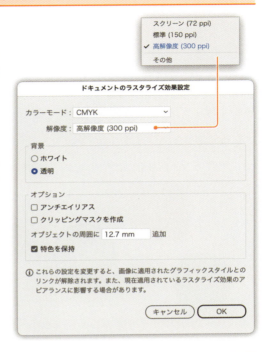

アピアランス関連のキーボードショートカット

よく使うキーボードショートカットをおさえておきましょう。

カテゴリ	コマンド		
パネルの表示	[アピアランス]パネル	shift + F6	Shift + F6
	[グラフィックスタイル]パネル	shift + F5	Shift + F5
属性の追加	〈塗り属性〉を追加	⌘ + /	Ctrl + /
	〈線属性〉を追加	option + ⌘ + /	Alt + Ctrl + /
効果の再適用	効果を再適用（同じ値）	⌘ + shift + E	Ctrl + Shift + E
	効果を再適用	⌘ + option + shift + E	Ctrl + Alt + Shift + E
選択	共通のアピアランス	⌘ + option + shift + 6	なし
	共通のグラフィックスタイル	なし	なし
その他	アピアランスを消去	設定できない	設定できない
	グラフィックスタイルを更新		
	項目を複製		
	項目を削除		

014 グラフィックスタイルで アピアランスを一括更新できるようにする

アピアランスは、グラフィックスタイルと併用してこそ意味があります。グラフィックスタイルを適用したオブジェクトは、変更後に一括更新できるため、ドキュメント全体での整合性が保持されます。グラフィックスタイルの登録・適用・更新の流れをつかんでおきましょう。

グラフィックスタイルの登録

1. アピアランスを適用したオブジェクトを選択 ❶

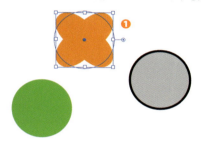

2. ［グラフィックスタイル］パネルの ⊞ をクリック ❷

> オブジェクトを［グラフィックスタイル］パネルにドラッグ＆ドロップして登録することもできます。

グラフィックスタイルの適用

ほかのオブジェクトを選択し ❸、［グラフィックスタイル］パネルのサムネールアイコンをクリックします ❹。

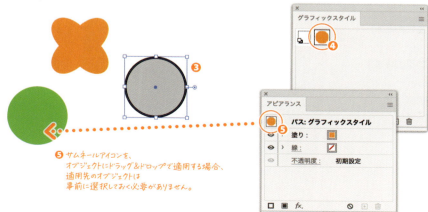

❺ サムネールアイコンを、オブジェクトにドラッグ＆ドロップで適用する場合、適用先のオブジェクトは事前に選択しておく必要がありません。

グラフィックスタイルの更新

グラフィックスタイルを適用したオブジェクトのカラーを変更し ❻、[アピアランス]パネルメニューの[グラフィックスタイルを更新]をクリックします ❼。

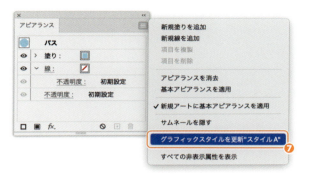

〈グラフィックスタイルを更新〉にはキーボードショートカットを設定できないほか、アクションやスクリプトでも実行できません。

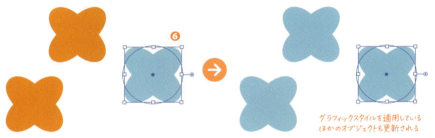

グラフィックスタイルを適用しているほかのオブジェクトも更新される

まとめ

	[アピアランス]パネル	[グラフィックスタイル]パネル	その他
登録		⊞ をクリック	キーボードショートカットを設定可能
		オブジェクトを[グラフィックスタイル]パネルにドラッグ&ドロップ	
適用	サムネールアイコンを、オブジェクトにドラッグ&ドロップ	オブジェクトを選択し、サムネールアイコンをクリック	[レイヤー]パネルで●を option (Alt) + ドラッグ
			[スポイトツール]でクリック（事前にツールオプションを変更）
更新	パネルメニューの[グラフィックスタイルを更新"(スタイル名)"]をクリック	変更したオブジェクトを[グラフィックスタイル]パネルのアイコンに option (Alt) を押しながらドラッグ&ドロップ	✗ キーボードショートカット ✗ アクション ✗ スクリプト

オブジェクトの設定を少しでも変更すると、グラフィックスタイルとのリンクが一時的に切れてしまいます。すぐに更新すれば問題ありませんが、Illustratorのグラフィックスタイルはリンクが切れやすいという弱点があることを覚えておきましょう。

015 グラフィックスタイルを ほかのドキュメントで使うには

アピアランスを他のドキュメントに流用する手法を紹介します。前提として、グラフィックスタイルとして登録しておく必要があります。

重要度	手法	
★	オブジェクトのコピー＆ペースト	現在開いているドキュメント間でのやりとり
★★	CCライブラリ	たまに使うもの
★★★	ドキュメントプロファイル	使用頻度の高いものを登録 新規ドキュメントに反映

オブジェクトのコピー＆ペースト

グラフィックスタイルが適用されたオブジェクトをコピーし、別のドキュメントでペーストすると、そのオブジェクトに適用されているグラフィックスタイルがインポートされます。

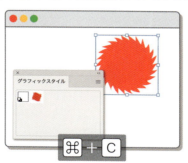

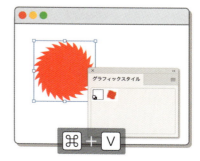

CCライブラリ

CCライブラリは、グラフィックスタイルだけでなく、他のドキュメントへのオブジェクト移動にも役立ちます。また、他のアプリケーションへの移動、他の人への受け渡しにも便利です。

1. グラフィックスタイルが適用されたオブジェクトをCCライブラリに登録
2. 使用したいドキュメントを開く
3. CCライブラリ上でライブラリアイテムを右クリックし、[コピーを配置]を選択
4. ドキュメント上でクリックして配置

実際には、ドキュメント上にマウスオーバーするだけでグラフィックスタイルがインポートされます。クリックせずに、escキーを押してキャンセルすると、オブジェクトを配置せずに作業を完了できます。

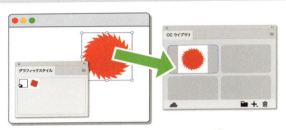

コピーを配置／リンクを配置

- [リンクを配置]ではグラフィックスタイルはインポートされない
- [コピーを配置]は option (Alt) + ドラッグでもよいが、option (Alt) を押すタイミング失敗すると〈リンクを配置〉になってしまう

ドキュメントプロファイル

使用頻度が高く、汎用性のあるグラフィックスタイルは、ドキュメントプロファイルに登録しておきましょう。新規ドキュメントを開いた際に、すぐに登録したグラフィックスタイルを利用できます（ドキュメントプロファイルについては280ページ参照）。

016 ひと手間かかる テキストの角丸を表現するには

印象を柔らかくしたりするために角丸表現を加えることがあります。ところが、Illustratorでテキストに対して［角を丸くする］効果を適用すると、思うように角丸が表現できないことがあります。

適用前

アピアランス

適用後

アピアランス

［ラフ］効果

解決策として先に［ラフ］効果を適用します。

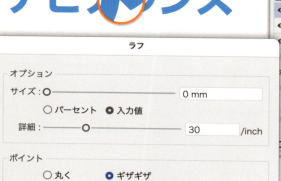

［ラフ］効果を使って、内部的にアンカーポイントを追加しています。

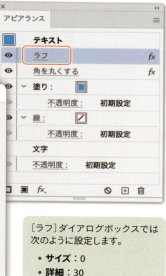

［ラフ］ダイアログボックスでは次のように設定します。
- **サイズ**：0
- **詳細**：30

角丸のために使う場合、［サイズ］は常に「0」ですが、［詳細］の値は適宜変更してください。

パスのオフセット効果の重ねがけ

［角を丸くする］効果を使わずに、［パスのオフセット］効果を"**重ねがけ**"することで、角丸を表現できます。適用する回数や、正負の値の順番、角の形状を工夫することで、角丸の形状を細かく調整できます。

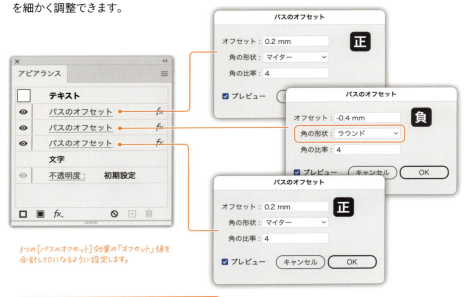

3つの［パスのオフセット］効果の「オフセット」値を合計して0になるように設定します。

XtreamPathの［スマートラウンド］効果

有償のプラグイン「XtreamPath」の［スマートラウンド］効果を使うと、**山角部**と**谷角部**それぞれに独自の角丸の値を設定できます。

"パスのオフセット効果の重ねがけ"に比べ、圧倒的に手間が減ります。

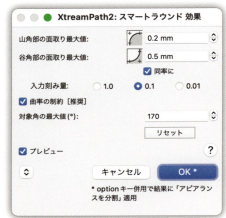

谷角部の角丸表現は、「墨だまり」と称されることがあります。

https://flashbackj.com/product/xtreampath

017 柔軟に調整できるコラム風ボックス

記事やデザインで囲み記事や特別な情報を表示するコラム風のあしらいをアピアランス機能で実現します。テキストは別に扱うことにして、ひとつのオブジェクトで枠（線幅や有無）、角丸／面取り、背景色の有無などを柔軟に調整できるようにすることで、効率よくレイアウトが可能です。

3つの方向性

3つの作例を、次のページで紹介していきます。各効果や〈塗り〉と〈線〉をON/OFFすることで、ひとつのグラフィックスタイルで使い回すことを想定します。

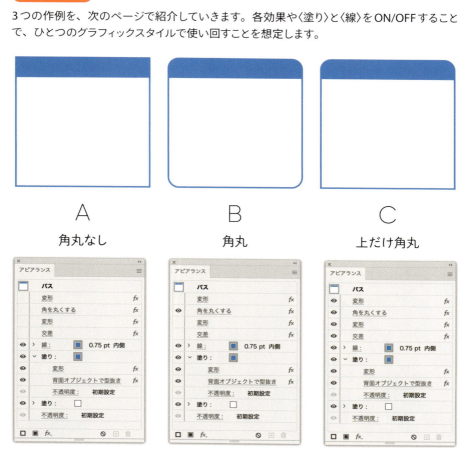

A 角丸なし　　B 角丸　　C 上だけ角丸

A. 基本的な制作手順（角丸なし）

理解を深めるために、少し手間のかかる手順を踏んでいます。また、便宜上、次のような名称で進めます。

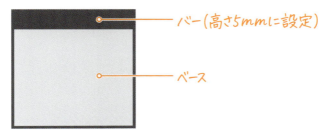

1. 長方形を描き、ベースになるカラーを設定

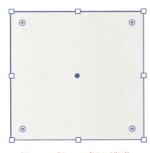

30mm × 30mmの大きさで作成

2. 〈塗り〉を追加し、バー部分のカラーを設定

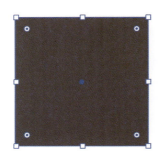

> **バーの高さを設定**

1. ［変形］効果を追加し、［移動］の［垂直方向］の値を「5mm」❶、「コピー：1」❷ に設定

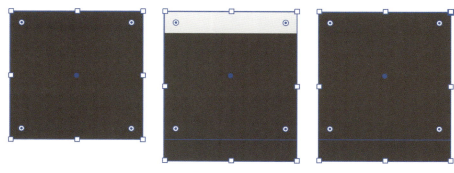

❶ 濃いグレーの〈塗り〉が
下方向に5mm移動する

❷ 元の〈塗り〉を残したまま、
背面にオブジェクトが複製される

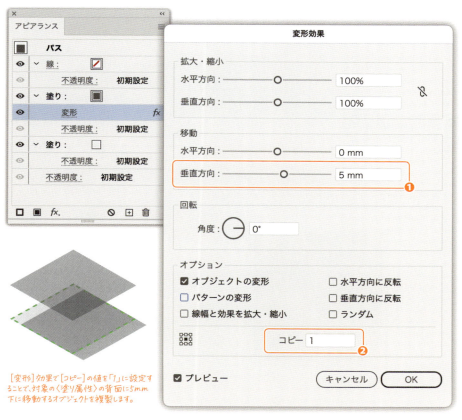

［変形］効果で［コピー］の値を「1」に設定することで、対象の〈塗り属性〉の背面に5mm下に移動するオブジェクトを複製します。

2. ［パスファインダー（背面オブジェクトで型抜き）］効果を適用 ❸
3. 適用した［パスファインダー］効果を、［変形］効果の下に移動

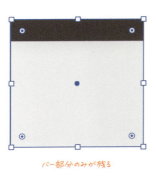

バー部分のみが残る

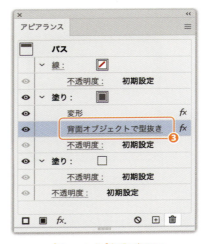

［パスファインダー］効果を適用すると、
［アピアランス］パネル上では
「背面オブジェクトで型抜き」のように
サブメニューの名称のみが表示される

枠をつける

1. 〈線属性〉を追加し、カラーや線幅を設定 ❹
2. ［線の位置］を「内側」に変更 ❺

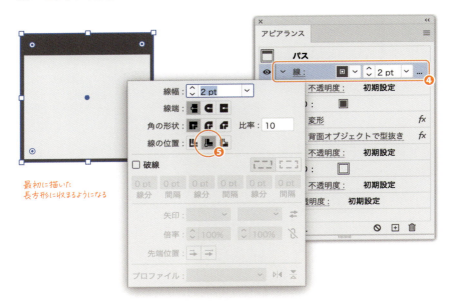

最初に描いた
長方形に収まるようになる

B. 角丸にする

1. ［角を丸くする］効果を与え、一番上に移動 ❶

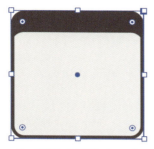

バーの下部分が不格好になってしまう

2. 改めて［変形］効果を呼び出し ❷、［拡大・縮小］の［水平方向］の値を「200」(%) に設定 ❸

水平方向を広げることで
バーの下部が水平になります。

C. タブ形状（上だけを角丸）にする

上辺のみを角丸に設定してみましょう。

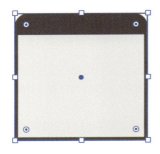

〈線属性〉/〈塗り属性〉の前に適用した効果はパスそのものに適用されます。

しくみ

次のしくみで、上だけを角丸にします。

- **上部を基準点に、垂直方向：200%** ❶
- **上部を基準点に、垂直方向：50%、水平方向：200%、コピー：1** ❷

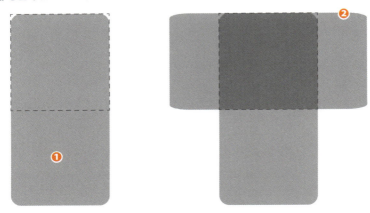

- ［パスファインダー（交差）］効果で重なった部分のみを残す ❸

018 アピアランスの〈線属性〉を オープンパスにする

アピアランスの〈線属性〉をオープンパスにできると、アピアランス表現の可能性が大幅に広がります。

〈線属性〉のオープンパス化のメリット

たとえば、テキストにアンダーラインをつける場合、［形状に変換（長方形）］効果で長方形化し、［変形］効果でフラット化します。

これでよさそうなのですが、アピアランスを分割してみると両端には2つのアンカーポイントが存在しています。つまり、線に見えても実際は4つのアンカーポイントで構成される「クローズパス」です。そのため、次のような場面で困ります。

- 破線によっては間隔がキレイに揃わない
- 先端を半円にできない
- ［ジグザグ］効果をかけたり、ブラシを適用しても期待通りにならない

オープンパス化で可能になる表現

クローズパス	オープンパス	
山路を登りながら	山路を登りながら	先端を丸くできる
山路を登りながら	山路を登りながら	OK
山路を登りながら	山路を登りながら	OK
山路を登りながら	山路を登りながら	ジグザグにも対応
山路を登りながら	山路を登りながら	ブラシも適用できる
	山路を登りながら	矢印もOK

〈線属性〉をオープン化する手順

アピアランスの〈線属性〉を2つのアンカーポイントで構成される「オープンパス」にする手順です。

1. テキストを入力し、〈塗り〉と〈線〉を「なし」にする

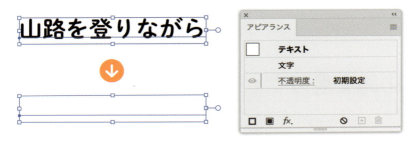

2. 新規塗り、新規線を追加し、〈線属性〉にカラーを設定
3. 〈線属性〉を選択した状態で［形状に変換（長方形）］効果を適用

［形状オプション］ダイアログボックスでは次のように設定します。
- サイズ：値を追加
- 幅に追加：0
- 高さに追加：0

4. ［変形］効果を適用する ❶

- ［拡大・縮小］セクションの［垂直方向］を「0」(%) に設定 ❷
- 変形の基準点は中央下に移動 ❸
- 必要に応じて［移動］セクションの［垂直方向］を調整 ❹

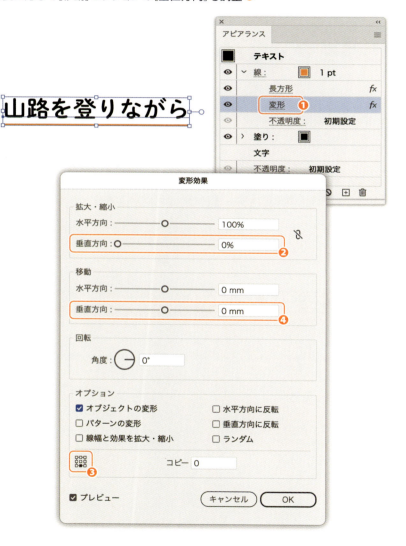

適用する順番に加え、〈線属性〉に組み込む順番も重要。ひとつでも間違えるとオープンパスになりません。毎度毎度、慎重に設定するのは面倒ですので、設定したものを使い回すのが賢明です。

86

5. ［パスファインダー（アウトライン）］効果を適用

［パスファインダー（アウトライン）］効果は、
［変形］効果の上に挿入されます。

6. ［アピアランス］パネルの「アウトライン」のテキストをクリック
7. ［パスファインダーオプション］ダイアログボックスを開くので、<u>［分割およびアウトライン適用時に塗りのないアートワークを削除］オプションをOFFにする</u>

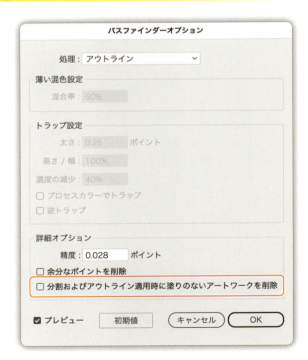

8. ［変形］効果を、「アウトライン」の上に移動

きちんとオープンパスになっている場合、［線端］を「丸型線端」に変更すると線端は正確な半円になります。

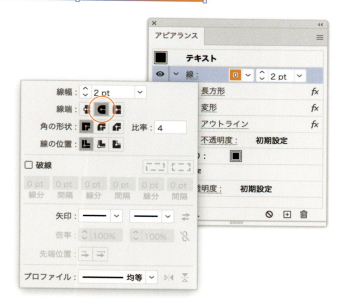

［パスの自由変形］効果を使ったオープンパス化

たとえば「カギ括弧」をアピアランスで表現するには、［パスの自由変形］効果を使います。

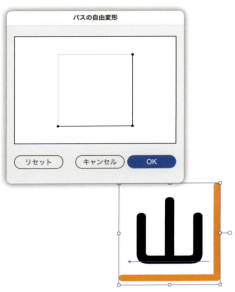

長方形の場合のオープンパス化

対象が長方形の場合、［形状に変換（長方形）］効果は不要です。

［形状に変換（長方形）］効果
＋［変形］効果
＋［パスファインダー（アウトライン）］効果

山路を登りながら

［形状に変換（長方形）］効果
＋［変形］効果
＋［パスファインダー（アウトライン）］効果

［形状に変換（長方形）］効果
＋［パスの自由変形］効果
＋［パスファインダー（アウトライン）］効果

「山路を登りながら」

［形状に変換（長方形）］効果
＋［パスの自由変形］効果
＋［パスファインダー（アウトライン）］効果

いったん、オープンパス化が成功していると、［形状に変換（長方形）］効果と［変形］効果の適用順が逆でも壊れない場合があります。

ショーケース

アピアランスの〈線属性〉をオープンパス化することで実現できるサンプルです。サンプルファイルをダウンロードしてしくみを解析してみてください。

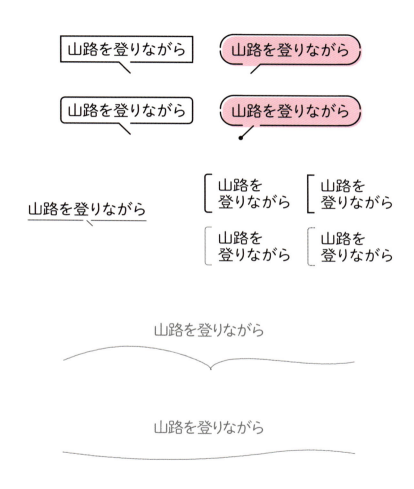

情に棹させば流される。
智に働けば角が立つ。

情に棹させば流される。
智に働けば角が立つ。

〈 情に棹させば流される。智に働けば角が立つ。 〉

〔 情に棹させば流される。智に働けば角が立つ。 〕

(山路を登りながら)

〈 山路を登りながら 〉

〈 情に棹させば流される。智に働けば角が立つ。 〉

〔 情に棹させば流される。智に働けば角が立つ。 〕

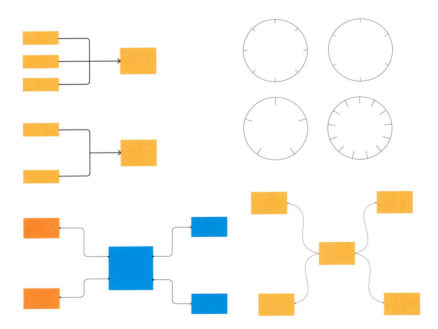

019 テキストの背景に「座布団」を追加する アプローチと使い分け

テキストの背景に敷く図形は「**座布団**」と呼ばれます。もともとは映像業界の用語ですが、グラフィックデザインにも定着しつつあります。

テキストの変更（＝文字数の増減）に柔軟に対応するため、Illustratorではアピアランスで座布団を追加する方法が一般的になっています。実際には、いくつかのアプローチがあるため、その使い分けについて整理してみます。

「フォントの高さ」問題への対応

Illustratorでデザインを行う際、悩ましい問題のひとつが「フォントの高さ」です。たとえば、フォントサイズが12ptであれば、高さも12ptとして認識してほしいものですが、「源ノ角ゴシック」や「貂明朝」など、フォントによっては高さが倍近くになることがあります。

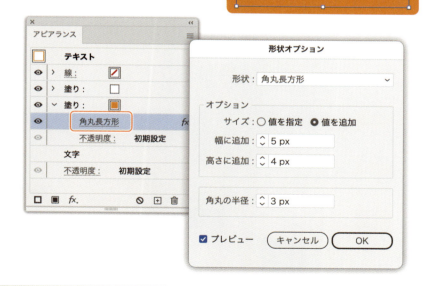

「フォントの高さ」は、そのフォントが持つすべての字形を対象にして算出されるようです。

解決策（1）座布団の位置を調整

［変形］効果の［移動］を使って座布団（またはテキスト）の位置を調整します。

一見解決したように思えますが、フォントの種類を変更すると再調整が必要になることが多いため、好ましいアプローチとは言えません。

解決策（2）仮のアウトライン化

「フォントの高さ」の問題を回避するために、アウトライン化を行うことで解決できますが、アウトライン化するとテキストやフォントの変更ができなくなります。

そこで、仮のアウトライン化として［オブジェクトのアウトライン］効果を適用します。

［オブジェクトのアウトライン］は、［書式］メニューの［アウトラインを作成］の効果バージョンです。

これで"一件落着"かと思いきや、漢字の「一」やアルファベットなど、文字によっては同じフォント・フォントサイズでも座布団の高さや位置が大きく異なってしまいます。

Illustratorのアピアランスで［形状に変換］効果を使って図形化することを「**追従**」と呼ぶ人もいますが、本書ではこの表現は使用しません。

「追従」は普段の会話では**他者の意見や行動に合わせる意味**で使われます。技術や工学の分野で「追従制御」という用語もありますが、これは位置が移動するニュアンスを含みます。テキストを移動すれば一緒に移動しますが、テキストを変更して大きさが変わるだけの場合に「追従」を使うのは<u>不自然</u>。適切な表現としては「<u>連動</u>」の方がしっくりくるでしょう。

「いったんフラット化する」アプローチ

［変形］効果を加えて次のように設定すると、どんなフォントでも座布団の高さが揃います。

- ［拡大・縮小］の［垂直方向］を「0」（％）に ❶
- 変形の基準点を上部に移動 ❷
- 文字サイズの1/2だけ下に移動 ❸

［形状に変換（長方形）］効果の上に移動します。

フォントによって「フォントの高さ」は異なりますが、文字の上部の位置は変化しないことを利用します。

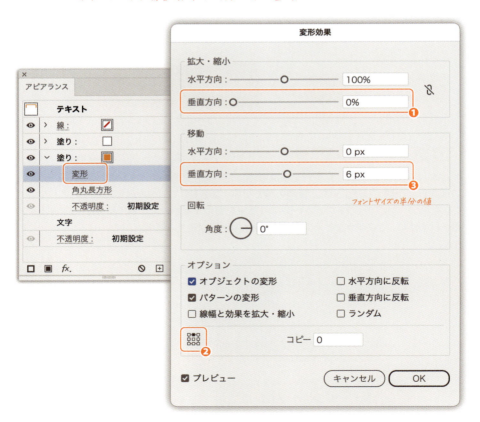

このアプローチには2つの弱点があります。まず、複数行に対応できません。

もうひとつは、フォントサイズの変更への対応。設定値が「上から6pt」になっているため、フォントサイズを変更するとずれてしまいます。

そこで、フォントサイズを変更するのではなく、**オブジェクトの［拡大・縮小］を行うことでこの問題を解決**します。複数行の場合、行間も連動して増減する副次的効果もあります。

インラインググラフィックへの対応

Illustratorはインラインググラフィックには対応していないため、アイコンや図形を「座布団」内に挿入したい場合に困ります。苦肉の策として、文字としてスペースを入れて対応したいところですが、［オブジェクトのアウトライン］効果を使用すると、スペース部分には座布団が適用されません。このようなケースでフラット化の手法が役立ちます。

使い分け

次のように使い分けます。

手法	メリット	デメリット	使いどころ
✕ 座布団の位置調整		フォントを変更したら再調整が必要	
✕ テキストのアウトライン化		テキストを変更できない	
✓ ［オブジェクトのアウトライン］効果	手軽	字形によって高さが変わってしまう	複数行のテキスト
✓ フラット化	字形に依存しない	フォントサイズの変更時調整が必要	単数行のテキスト

［オブジェクトのアウトライン］効果をどこに適用するか

先の手順では、長方形となる〈塗り属性〉に対して［オブジェクトのアウトライン］効果を適用しました。
［オブジェクトのアウトライン］効果を［アピアランス］パネルの最上部に移動することで、個々のアピアランスではなく、テキストオブジェクト全体に適用することも可能です。

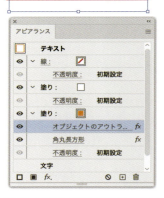
A 〈塗り属性〉に対して適用

B テキストオブジェクトに対して適用

アピアランスを分割したときに違いが生じます。

　A. 〈塗り属性〉に対して適用：テキストはアウトライン化されない
　B. テキストオブジェクトに対して適用：テキストはアウトライン化されてしまう

テキストオブジェクトに対して［オブジェクトのアウトライン］効果を適用する方がハンドリングが容易です。そこで、アピアランスを調整する際は全体に適用し、最終的には各属性に移動するのがよいでしょう。
アピアランスを分割する必要がある場合には、［オブジェクトのアウトライン］効果はテキストオブジェクト全体ではなく、各属性への適用を推奨します。

020 カプセル型や角丸のアピアランスを メンテナンスしやすいように作る

カプセル型

カプセル型（左右の端が正確に半円形の長方形）にしたい場合は、［形状に変換（角丸長方形）］効果を使い、角丸の半径を大きめに設定します。

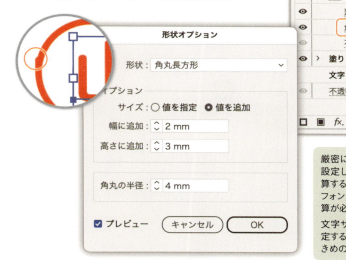

厳密には［角丸の半径］を実際に設定したい高さの半分の値に計算するところですが、面倒ですし、フォントサイズを変更したら再計算が必要です。

文字サイズを変更した際に再設定する手間を避けるため、少し大きめの値を設定します。

左側に"ゴミ"が生じてしまうため、［パスファインダー（追加）］効果で仕上げます。

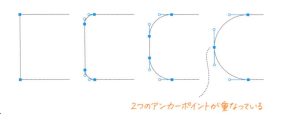

2つのアンカーポイントが重なっている

角丸長方形

長方形を角丸にしたい場合には、[角丸の半径]に小さめの値を設定します。

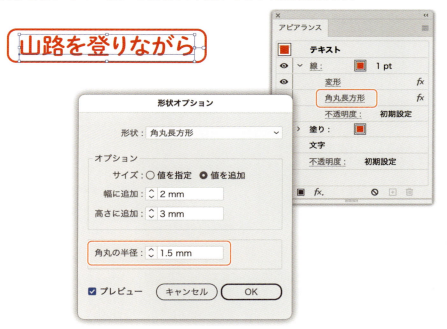

角丸にしない場合には次の手順で[形状に変換（長方形）]効果に変更しますが、実に面倒です。

1. [アピアランス]パネルの「角丸長方形」をクリック
2. [形状オプション]ダイアログボックスが開くので、[形状]のポップアップメニューを開く
3. 「長方形」を選択
4. ダイアログボックスを閉じる

そこで、👁 をクリックするだけで簡単に長方形と角丸長方形を切り換えられるように、[形状に変換（長方形）]効果と[角を丸くする]効果を組み合わせて作成します。

"大は小を兼ねる"アプローチ

長方形、角丸長方形、カプセル型のすべてをカバーできるグラフィックスタイルを**ひとつ**用意しておけば、クリック操作だけで簡単に切り換えられます。

毎回、ゼロから作るよりも効率的に作業が進みますし、グラフィックスタイルを更新することでドキュメント全体の一貫性も保持できます。

021 自由度が高く調整できて、どんな文字にも対応できる「囲み文字」

❶ ①のような**黒丸数字**（白抜き文字）・**白丸数字**や、㊋㊋㊋㊋のような**囲み文字**はIllustratorでは［字形］パネルで切り替えて使います。

実際に使う場面では、次のような問題が生じます。

- 字形の切り替えや、用意されている字形は使用しているフォントに依存する
- 用意されていてもマージンなどの調整はできない

そこで、どんな文字にも対応できる「囲み文字」をアピアランスで用意しておきましょう。

アピアランスで実装するしくみ

座布団の高さを揃えるために［変形］効果で設定する「フラット化」（95ページ参照）を行いますが、1文字の場合は横幅が異なってしまうため、うまく機能しません。

そこで、「囲み文字」の場合には、［拡大・縮小］の「水平方向：0（％）」も設定に加えることで、文字の中央に大きさを持たない点を変化させ、［形状に変換］効果で図形化します。これにより、囲み文字の形状が安定して、座布団の高さや幅を適切に調整できます。

フォントによって
高さが異なる

フラット化

基点：中央だと
フォントによって
ずれる

基点：上
＋
文字サイズの
半分の値、
下に移動

文字によって
横幅が異なる

水平方向も
0％に
（実際には
見えない点）

［形状に変換］
効果で長方形化

101

［変形］効果で、次のように設定します。

- ［拡大・縮小］の［水平方向］と［垂直方向］を「0」(%)に ❶
- 変形の基準点を上部中央に移動 ❷
- 文字サイズの1/2だけ下に移動 ❸

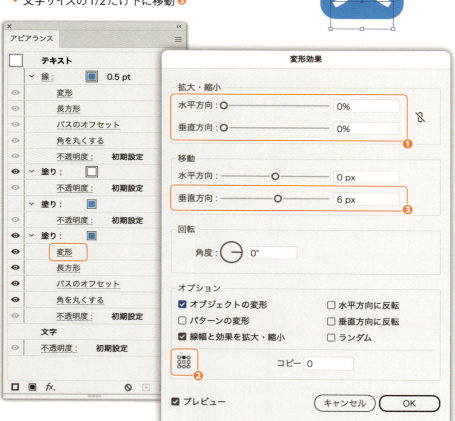

アピアランスの構成

バリエーションに対応できるように"大は小を兼ねる"方式でアピアランスを構成し、ひとつのグラフィックスタイルで運用します。

中抜き

テキスト部分を透過させるには、[パスファインダー（中マド）]効果を一番下に入れます ❶。「文字」の〈塗り〉と〈線〉は「なし」ですが、オブジェクトとしての形状は持っているため、パスファインダーの対象になります。

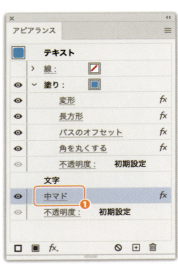

線のみの中抜き

テキストの〈線属性〉は[線の位置]を「中央」から変更できません。線が文字のエッジから内側にも広がって〈塗り〉部分を侵食してしまうため、文字が"痩せて"見えてしまいます ❷。これを解消するには、[パスのオフセット]効果で〈塗り〉を太らせ ❸、その後に[パスファインダー（中マド）]効果 ❹ で透過させることで、中抜きを実現します。

❷ 文字が"痩せて"見える　　　　　文字部分が"痩せずに"透過

022 自由にテキストを移動できて、"痩せない"くいこみ表現

次のような「くいこみ表現」をアピアランスで作成してみましょう。

- テキストのままなので、文字列やフォントの変更が可能
- ［グループ選択ツール］で自由に移動できる

手順

1. テキスト「50」を入力し、**複合シェイプ**に変換する ❶
2. 〈塗り〉と〈線〉を「なし」にする ❷

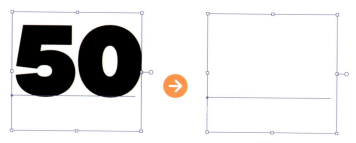

3. 上に重ねたいテキスト「%」を入力し、〈塗り〉を追加

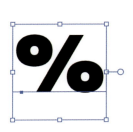

4. さらに〈塗り〉を加え、［パスファインダー（分割）］効果を適用し ❸、［分割およびアウトライン適用時に塗りのないアートワークを削除］オプションをOFFにして ❹、マドを埋める
5. ［パスのオフセット］効果で太らせる ❺

6. 下の〈塗り属性〉に［パスファインダー（追加）］効果を加えて ❶ カラーを「なし」にし ❷、黒い〈塗り〉の背面に移動する ❸

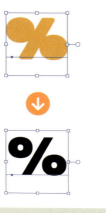

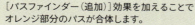

［パスファインダー（追加）］効果を加えることでオレンジ部分のパスが合体します。

7. 「50」と「%」の2つのオブジェクトをグループ化する
8. 新規塗りを追加し、［パスファインダー（前面オブジェクトで型抜き）］効果を適用 ❹

［パスファインダー（分割）］効果と［パスのオフセット］効果を加えた〈塗り〉（塗りのカラーは「なし」）のオブジェクトで「50」の文字を型抜きします。

9. グループ化後に加えた〈塗り〉は「50」のみに反映されるので、異なるカラーを設定できる

アピアランスを分割

アピアランスを分割すると「%」はテキストのままですが、「50」はパスに変換されます。

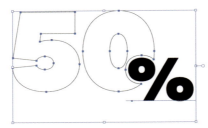

バリエーション

同様の考え方で次のような展開が可能です。

023 配置画像へのアピアランスと、配置画像と一体化した「カード型」コラム風ボックス

配置画像へのアピアランス

配置画像に枠を付けたり、角丸にしたい場合、通常の操作ではうまくいきません。その解決策は、画像をいったん**クリップグループ**（＝クリッピングマスクを作成）にすることです。

- **角丸**：［角を丸くする］効果が期待どおりに効く
- **枠**：〈線属性〉を追加し、［パスファインダー（中マド）］効果を適用

正円化

元の画像が正方形であることが条件ですが、角丸の値を十分に大きく設定することで正円にできます。

「カード型」コラム風ボックス

次のように作成します。

- 仕上がりサイズの長方形を描き ❶、配置画像とクリップグループにする
- 〈塗り属性〉を追加し、［パスファインダー（中マド）］効果を適用 ❷
- ［変形］効果で移動コピーし、［パスファインダー（交差）］効果で型抜き ❸

線の設定

クリップグループに追加した〈線属性〉は、［線の位置］を変更できないため、次の手順でクリップグループと同じ大きさにします。

- 〈線属性〉を追加し、［パスファインダー（中マド）］効果を適用 ❹
- 仕上がりサイズよりも太くなってしまう場合、［パスのオフセット］効果を使って、線幅の半分だけ内側に狭める ❺

024 「エリア内文字＋アピアランス」で広がるテキスト表現の効率化と可能性

アピアランスの［形状に変換］効果を使って「テキストと座布団」を作るのが一般的ですが、以下のような問題が残ります。

- 座布団の大きさを変更したいとき、ダイアログボックスを開く手間がかかる
- 見た目どおりに整列させるには、〈プレビュー境界〉を意識しなければならない
- 座布団が物理的な形状を持たないため、座布団の"角や端"でスナップできない

〈エリア内文字〉で作る座布団

そこで検討したいのが〈エリア内文字〉の活用です。〈エリア内文字〉は長文のテキストに使うのが一般的ですが、ここでは短めのテキストを中央に配置するために利用します。

- **左右**：「行揃え：中央」に設定 ❶
- **天地**：エリア内文字オプションで［テキストの配置］を「中央揃え」に設定 ❷

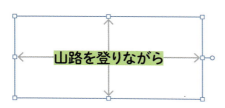

エリア内文字を［ダイレクト選択ツール］で選択すれば着色できますが、複数のエリア内文字がドキュメント内にある場合、整合性を維持するのが大変です。

そこで、〈塗り属性〉に［形状に変換］効果を適用して長方形化し、〈塗り〉のカラーを設定します。

角丸はON/OFFできるように別途、［角を丸くする］効果を適用します。

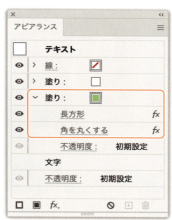

座布団の大きさの変更を行うには、
テキストエリアを直接操作します。

活用アイデア

〈線属性〉を角丸長方形にし❶、[パスファインダー（切り抜き）]効果❷でマスクします。

「テキストの高さ」問題への対応

フォントによってテキストの高さが原因で調整しにくいことがあります。その場合にはフォントサイズを半分にし、[変形]効果で200％に拡大します。

アイデア

物理的な大きさを持っているため、他のオブジェクトと整列させやすく、スムーズに整列できます。

〈線属性〉のオープンパス化との組み合わせ

エリア内文字に〈線属性〉のオープンパス化を組み合わせることで、表現の幅をさらに広げられます。

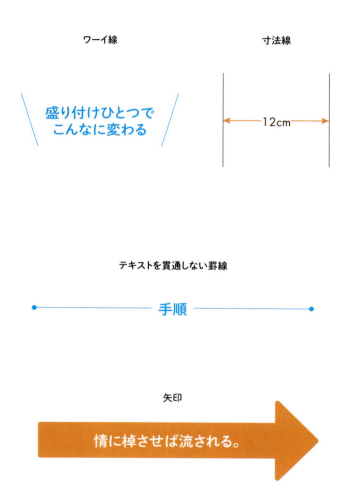

文字組みを
美しく快適に仕上げるコツ

4

025 スピーディにフォントを指定する
数々のテクニック

フォントをスピーディに指定することは、すべてのIllustratorユーザーに欠かせないスキルです。長いフォントリストをたどる以外の便利な指定方法が増えているので、ぜひ身につけて活用しましょう。

フォントの検索

以前から、［文字］パネルの［フォントファミリ］フィールドにテキストを入力すると、その文字で始まるフォントが表示されます。現在のIllustratorでは、フォント名全体が検索対象となり、［フォント］フィールドを検索に活用できるようになっています。

［文字］パネルの［フォント］フィールドにスピーディにアクセスする

フォントの強調表示

［フォントファミリ］フィールドを検索窓として利用するときに重宝するのが**フォントの強調表示**です。⌘＋option＋shift＋F（または⌘＋option＋shift＋M）のキーボードショートカットでフォント名が反転表示（ハイライト）します。

ハイライト状態から（いったんフォント名を削除せずに）上書きで入力して検索できます。

114

フォントの強調表示と[文字]パネルの表示を同時に行う

[文字]パネルを開く操作と〈フォントの強調表示〉をスムーズに行えるように[フォントを強調表示]コマンドのキーボードショートカットを ⌘ + T（Ctrl + T）に変更しましょう。

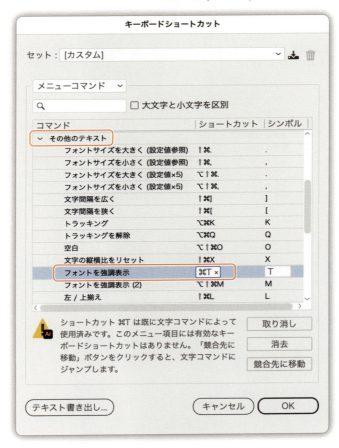

[フォントを強調表示]に⌘+Tを設定するとコンフリクトの注意が表示されますが
[OK]ボタンをクリックしてキーセットを保存します。

⌘ + T は、[文字]パネルを表示/非表示するキーボードショートカットですが、フォントの強調表示に ⌘ + T を割り当てると、次のような挙動になります。

	[文字]パネルが 非表示のとき	[文字]パネルが 表示されているとき
デフォルト	[文字]パネルが開く	[文字]パネルが閉じる
フォントの強調表示に ⌘ + T を設定	[文字]パネルが開いて **強調表示**	[文字]パネルは閉じずに **強調表示**

フォントリストをスクロールする

▼（▲）キーで、フォントのハイライトが上下に移動します。
複数のフォントスタイルで構成されている場合、⌘+▼（▲）キーで開閉します。

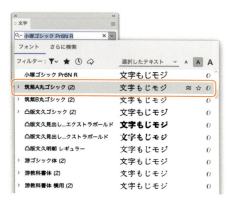 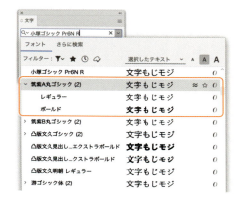

サンプルテキストの変更

ドキュメント上でテキストを選択している場合、フォントリストをスクロールしてマウスオーバーすると**ライブプレビュー**（＝ドキュメント上のテキストに仮適用）されます。

［文字］パネルでは「選択したテキスト」がデフォルトですが、「タイポグラフィ」「新時代のデザインが生まれる。」などの文言に変更できます。

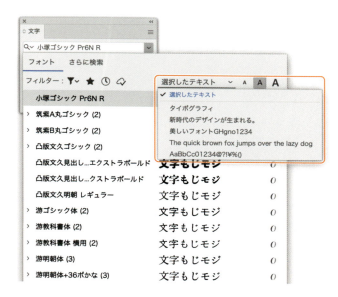

フォントのウェイトから絞り込む

［フォント］フィールドに「bold」のように入力することで、フォント名のウェイトで絞り込めます。大文字・小文字は無視されます。

W3/W6のような英数字表記、L、Mのような省略表記は同時には検索できません。

書体の属性

フィルターバーの ▼ をクリックしてフィルターを表示し、［書体の属性］セクションで3段階の太さを指定して絞り込めます。

「お気に入り」機能

何度も使うフォントは「お気に入り」に登録します。

1. フォントリストを開き、フォント名にマウスオーバーして☆をクリック（★になる）

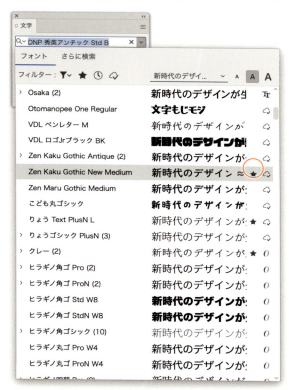

2. フィルターバーの★をクリックすると、★を付けたフォントのみが表示される

次のような機能が実装されると、使い勝手がよくなりそうです。
- プロジェクトごとに、お気に入りのセットを使い分ける
- ほかの環境に移行するための共有やバックアップ方法

つまり、現状ではできません。

Adobe Fontsのみに絞る

［フォント］のフィルターバーの ◯ をクリックすると、Adobe Fontsのみに絞り込めます。

ドキュメントを受け渡すときやドキュメント内で使用しているフォントを相手先が持っていないとき、フォントを購入してもらったり、アウトライン化する必要がありました。

Adobe FontsでサポートしているフォントをCCメンバー同士で使う限り、フォントの互換性に関する問題がクリアされます。

Adobe Fontsのフォントは永久に使えるわけではありません。ベンダーからライセンスを受けているため、予告なく利用できなくなることがあるのでご注意ください。

最近使用したフォント

フォントリストの最上部には〈最近使用したフォント〉が表示されます。同じ制作物内で繰り返し同じフォントを使うことが多い場合、［書式］メニューの最上部に表示される［最近使用したフォント］から選択すると効率的です。

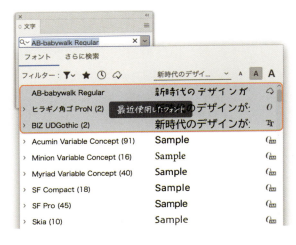

- デフォルトは10まで。環境設定の［テキスト］カテゴリ内で「15」まで変更できます。
- このメニューをクリアしたり、並び順を変更するなどの機能はありません。直近に使用したものが常に最上部に表示されます。
- ［最近使用したフォント］は、テキスト上で右クリックして表示されるメニューにも表示されます。

従来のようにフォントリストに戻る方が利便性が高いと考える場合、［最近使用したフォント］機能をOFFにします（43ページ参照）。

026 ［文字］パネルの属性を スピーディに初期化する

特定の項目を初期化する

たとえば、ベースラインシフトをリセットする場合、［文字］パネルの （［ベースラインシフト］アイコン）を ⌘（Ctrl）+ クリックすると値をリセットできます。［ベースラインシフト］の値フィールドに「0」と入力するよりもスピーディです。

ベースラインシフト以外も、［文字］パネルや［段落］パネルの項目アイコンは ⌘（Ctrl）による値のリセットに対応しています。

［プロパティ］パネルや［コンテキストタスクバー］では基本的に対応していません。

［プロパティ］パネル

コンテキストタスクバー

文字の変形をリセットする

キーボードショートカットを使えば、変形した文字の比率を一発で**正体**にできます。

1. 縦横比率をリセットしたいテキストを選択する
2. ⌘ + shift + X（Ctrl + Alt + X）を押すと、[垂直比率]と[水平比率]が100%に戻る

新しい概念は、
歴史的な建築から
ヒントを得た。

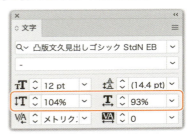

 ⌘ + shift + X

新しい概念は、
歴史的な建築から
ヒントを得た。

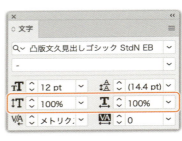

縦書きの場合にも有効です。

トラッキングの初期化

トラッキングの初期化（トラッキングを解除）には、⌘ + option + Q（Ctrl + Alt + Q）のキーボードショートカットが用意されています。

独創的なアイデア

 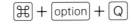

独創的なアイデア

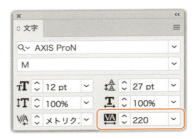

残念ながら、手動カーニングをリセットするキーボードショートカットはありません。カーニングの項目アイコンを ⌘（Ctrl）+ クリックします。

行送りの調整

Illustratorでは、デフォルトの行送りが175%に設定されています。これは本文用の設定で、2、3行のタイトルには広がりすぎることがあります。option (Alt) + ▲で行間を狭めることもできますが、文字サイズが大きい場合には何度も何度も繰り返す必要があります。

新たなアプローチは、
古代文明の知恵から
インスパイアされた。

新たなアプローチは、
古代文明の知恵から
インスパイアされた。

文字サイズが大きい場合には、次の手順がスピーディです。

1. ［文字］パネルの ［行送り］アイコンをダブルクリック ❶
2. 行送りが文字サイズと同じ値になる ❷

> 行間の値がパーレン（＝丸括弧）付きで表示されている場合には**自動行送り**が適用されています。

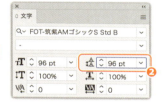

3. option (Alt) + ▼で少しずつ広げていく

> ［行送り］アイコンを ⌘ (Ctrl) + クリックすると、自動行送りの値に戻ります。

行送りのデフォルトの値を変更

行送りのデフォルト設定変更したい場合は、［段落］パネルメニューの［ジャスティフィケーション］から［自動行送り］の設定を変更します。

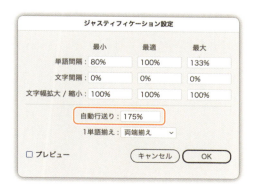

027 自動カーニング機能を理解し、適切に使いこなす

Illustratorの自動カーニング機能を理解し、スマートに使い分けましょう。

0
Web フォントの利用
デフォルト

「和文等幅」
Web フォントの利用
和文はベタ組み
欧文にはペアカーニングがかかる
（モリサワA-OTFメ外）

「メトリクス」
Web フォントの利用
[メトリクス]では、和文でも欧文でも
ペアカーニング情報が適用される
フォントによってはペアカーニング情報
を持っていない場合もある

「オプティカル」
Web フォントの利用
フォントが持つ詰め情報を無視し、
文字の形状に応じて
Illustratorが詰める

プロポーショナルメトリクス
Web フォントの利用
和文はフォントが持つ詰め情報を
参照
欧文のペアカーニングは無効

「メトリクス」+プロポーショナルメトリクス
Web フォントの利用
「メトリクス」と同様、
ペアカーニングが有効化される

文字ツメ：50%
Webフォントの利用
欧文もツメの対象となる

文字ツメ：100%
Webフォントの利用
全体に詰まりすぎ

ペアカーニングが有効になっている箇所

文字組みを美しく快適に仕上げるコツ

4

［文字］パネルの自動カーニング

［文字］パネルの［文字間のカーニングを設定］の「メトリクス／オプティカル／和文等幅」の設定を把握しておきましょう。

メトリクス

フォントが持っているカーニング情報を使って自動カーニングを行います。「To、Tr、Ta、Tu、Te、Ty、Wa、WA、We、Wo」など、特定の文字の組み合わせに対する間隔情報（**ペアカーニング**）をフォントが持っているときには有効化します。

オプティカル

文字形状に基いて隣接する文字の間隔が調整されます。フォントの詰め情報に依存しないので、すべてのフォントが対象です。ただし、〈文字組みアキ量設定〉との組み合わせによっては、括弧類の前後や中点が詰まりすぎてしまうことがあります。

和文等幅

和文は**等幅**、欧文に対しては「メトリクス」カーニングを有効化します。

0（デフォルト）

基本的に使用しない（和文/欧文ともに詰めない）。

使い分けの指針

- **ベタ組み**：「和文等幅」
- **ツメ組み**：「メトリクス」＋「プロポーショナルメトリクス」
  詰め情報のないフォントでは「オプティカル」を使用し、必要に応じて「文字ツメ」を併用

		欧文		和文
		ペアカーニング	字間調整	
カーニング	メトリクス	✓	✓	✓
	和文等幅	✓ ※	✗	✗
	オプティカル	✗	✓	✓
	0	✗	✗	✗
プロポーショナルメトリクス		✗	✓	✓
文字ツメ	0-100	✗	✓	✓

※フォント名に「A-OTF」が付くモリサワフォントは対象外

プロポーショナルメトリクス

[OpenType]パネルで[プロポーショナルメトリクス]オプションをONにすると、フォントが持っている詰め情報を参照します。

手詰めとの併用

「メトリクス」と「プロポーショナルメトリクス」を**セットで使う**と覚えてください。

「Tonite」リリース決定

「Tonite」リリース決定

「メトリクス」のみを設定している場合、手詰め（マニュアルカーニング）をかけるとカーソル直前の文字のメトリクス設定が外れしまうため、その文字の前後が空いてしまいます。

「プロポーショナルメトリクス」を併用していれば、この問題は発生しません。

文字ツメ

0%から100%までの10段階で指定します（1%刻みでも可能）。カーニングと併用すると詰まりすぎてしまうので注意しましょう。

しくみ的には、文字左右のサイドベアリング（薄い緑）を指定した数値に応じて削ります。

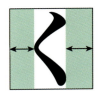

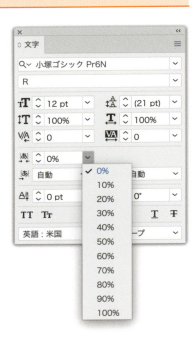

モリサワフォントの従属欧文のペアカーニング

「**A-OTF**」から始まるモリサワフォントはペアカーニング情報を持っていませんでしたが、「**A P-OTF**」ではペアカーニング情報が含まれています。

ペアカーニング以外にも字形などが変更されているため、同じフォント名であっても互換性がないとモリサワからアナウンスされています。

028 文章内に異なる文字サイズがあっても均等な行間にするには

文章内で、特定のテキストの文字サイズを大きくすると行間が乱れてしまいます。均等な行間を実現する方法を2つ紹介します。

情に棹させば流される。智に働けば角が立つ。どこへ越しても住みにくいと悟った時、詩が生れて、画が出来る。とかくに人の世は住みにくい。意地を通せば窮屈だ。

とかくに人の世は住みにくい。どこへ越しても住みにくいと悟った時、詩が生れて、画が出来る。意地を通せば窮屈だ。山路を登りながら、こう考えた。智に働けば角が立つ。どこへ越しても住みにくいと悟った時、

情に棹させば流される。智に働けば角が立つ。どこへ越しても住みにくいと悟った時、詩が生れて、画が出来る。とかくに人の世は住みにくい。意地を通せば窮屈だ。

とかくに人の世は住みにくい。どこへ越しても住みにくいと悟った時、詩が生れて、画が出来る。意地を通せば窮屈だ。山路を登りながら、こう考えた。智に働けば角が立つ。どこへ越しても住みにくいと

A. 垂直比率と水平比率で見かけの文字サイズを変更する

1. すべての文字、またはテキストエリア内文字を選択し、［文字揃え］を「欧文ベースライン」に設定

2. 大きくしたい文字の［垂直比率］と［水平比率］を同じ値に調整
   shift を押しながら ◇（スピンボタン）をクリックすると10％刻みで増減する

> 見かけ上の文字サイズは変わりますが、［文字］パネルのフォントサイズは変わらないため、後から修正する際の扱いが容易です。

3. ベースラインシフトを調整

ベースラインシフトの値変更

ベースラインシフトの値を変更するキーボードショートカットは、option + shift + ▲/▼ です。この際、環境設定の［テキスト］カテゴリの［ベースラインシフト］の値を参照します。デフォルトは2ptですので、制作物のフォントサイズに応じて変更するとよいでしょう。

B.「欧文ベースライン基準の行送り」を使う方法

1. ［文字］パネルメニューからベースラインを「中央」から「欧文ベースライン」に変更する
2. 文字サイズを変更する
3. ［段落］パネルメニューから［**欧文ベースライン基準の行送り**］を選択する
4. ベースラインシフトを調整する

比較

	A	B
文字揃え	欧文ベースライン	
文字サイズ	垂直比率と水平比率	フォントサイズ
行送り	仮想ボディの上基準の行送り	欧文ベースライン基準の行送り
上下位置	ベースラインシフト	

029 外字、丸数字、特殊な記号を入力する方法

人名などの外字への切り替え

斉藤の「斉／齊」や渡辺の「辺／邊／邉」、髙島屋の「髙」などの外字を使用する際、OpenTypeフォントの異体字を利用すれば、作字したり、外字フォントに頼る手間を省けます。

1. ［書式］メニューの［字形］をクリックして、［字形］パネルを表示
2. 変更したい文字「斉」を選択して、［字形］パネルで「斉」をロングプレス
3. 変更可能な異体字リスト上でクリックすると文字が切り替わる

すべてのフォントで異体字の切り換えができるわけではありません。また、切り換え可能な字形の数もフォントによって異なります。

現在の選択文字の異体字

［表示］のポップアップメニューを「フォント全体」から「現在の選択文字の異体字」に変更すると、選択した文字から変更可能な異体字のみが表示されます。

丸数字や四角数字

丸数字や四角数字を入力する際、数字を入力後、［字形］パネル内で変換するとスピーディです。

OpenType フォントの異体字や分数

［OpenType］パネルの各ボタンを利用して、さまざまな字形に変更できます。

「2」だけを選択して
［位置］のポップアップメニューから
「下付き文字」を選択

- スラッシュを用いた分数
- 上付き序数表記
- タイトル用字形
- デザインのバリエーション
- スワッシュ字形
- 任意の合字
- 前後関係に依存する字形
- 欧文合字

「2/3」すべてを選択して
½ (スラッシュを用いた分数)を
クリック

スワッシュ字形 / 前後関係に依存する字形 / 前後関係に依存する字形 / 欧文合字 / 前後関係に依存する字形

030 縦組みでの欧文の扱いに迷わない

縦組みでの欧文の調整について解説します。

組み方向の変更

横組み／縦組みの切り換えは、[文字]メニューの最下部の[組み方向]で行います。

欧文の文字回転

横向きになっている欧文を1文字ずつ縦向きに回転させたいときには、[文字]パネルメニューの[縦組み中の欧文回転]をクリック❶します。

- [縦組み中の欧文回転]に、キーボードショートカットは設定できません。
- 縦組みでは、文字間隔に調整に「オプティカル」などの自動カーニングは使えませんが、〈文字ツメ〉は適用できます。

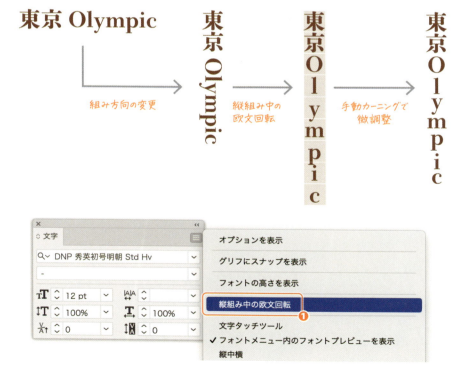

全角英数

英数字を全角で入力すれば、和文とみなされるため、文字回転の操作が不要です。また、全角英数字は連続していても途中で自動改行されます。

英数字の半角／全角の置換

Illustratorの標準機能では全角英数字にすることはできません。Jedit Ωなどのテキストエディタやスクリプトを利用します。

- 半角の文字を全角に一瞬で変換する[Mac便利技] - マクデザ
  https://mac-design.work/mac/text-change.html
- 全角英数←→半角英数を変換するイラレスクリプト｜ぽんぷろぐ
  https://sysys.blog.shinobi.jp/Entry/67/

縦中横

2桁の日付のように、縦に並んだ数字を横にしたいときには[文字]パネルメニューの[縦中横]をクリック❷します。

縦組み中の文字回転 → 縦中横

[縦中横]には、キーボードショートカットは設定できません。縦中横（たてちゅうよこ）は「TCY」と略されることもあります。

031 エリア内テキストを ねらいどおりに調整する

Illustratorでのテキストは3つのタイプに分類されます。

種類	従来の呼び方	特長
ポイント文字	テキストオブジェクト	• クリックして入力したテキスト
エリア内文字	テキストボックス	• テキスト枠の内側に文字を流し込む形式 • 枠の形状に合わせてテキストが自動的に折り返される
パス上文字	-	• 指定したパスに沿って文字が配置される • パスの形状に合わせてテキストが曲線を描く

エリア内文字の作成や大きさ変更、オーバーフローの解除について解説します。

テキストエリアの作り方

A ドラッグで作成：文字ツールを使用し、入力したいエリアをドラッグして長方形を描くことで、テキストエリアを作成

B 長方形を変換：長方形を描いた後、[文字ツール]でそのエッジをクリックすると、長方形がテキストエリアに変換される（厳密にはクローズパスなら長方形以外にも対応）

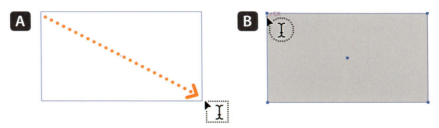

サンプルテキストの割り付け

原稿が入稿されていない段階でデザインを進める際には〈サンプルテキストを割り付け〉機能が便利です。［書式］メニューの［サンプルテキストを割り付け］をクリックするとテキストエリアに適切な量のサンプルテキストが挿入されます。

ポイント文字への変換

ポイント文字とエリア内文字は、次の方法で相互に変換できます。

- バウンディングボックス右中央から伸びるハンドルをダブルクリック ❶
- ［書式］メニューから［ポイント文字に切り換え］を選択 ❷

エリア内文字をポイント文字に変換すると、見かけの改行位置に強制改行が残ります。

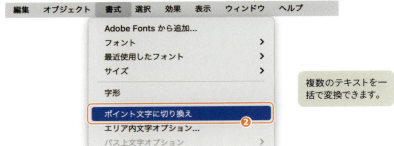

複数のテキストを一括で変換できます。

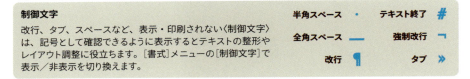

制御文字
改行、タブ、スペースなど、表示・印刷されない〈制御文字〉は、記号として確認できるように表示するとテキストの整形やレイアウト調整に役立ちます。［書式］メニューの［制御文字］で表示／非表示を切り換えます。

不要な改行は検索置換機能で削除できます。ポップアップメニューから「強制改行」を選択 ❸ し、［置換］フィールドを空白にして置換します。

種類	記号
ビュレット	^8
カレット	^^
著作権記号	^2
強制改行	^n
登録商標記号	^r
タブ文字	^t

段落の終わり（改段落）はサポートされていません。

テキストエリアの大きさ変更

テキストエリアの大きさを［変形］パネルで変更すると縦横比が狂うことがあります。⌘ + shift + X（Ctrl + Shift + X）のキーボードショートカットでリセットしましょう。

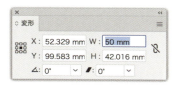

バウンディングボックスのハンドルをドラッグして変形すると、縦横比に影響はありません。

テキストの配置

［テキストの配置］では「中央揃え」❹ や「均等配置」❺ を選択できます。

テキストエリアの"見切れ"

テキストエリアに文字が入りきらない場合、右下に アイコン ❻ が表示されますが、これは見落としやすく、アラートも出ません。この現象を「**オーバーセット**」と呼びます。

この問題を防ぐためには、テキストエリアの**自動サイズ調整**機能が便利です。テキストエリア下部中央から伸びるハンドル ❼ をダブルクリックすることで、自動サイズ調整がONになり、文字やフォントサイズの変更に応じてエリアが自動的に調整されます。

新規に作成するエリア内文字の自動サイズ調整がONになるよう環境設定を変更できます（42ページ参照）。

文字組みの着眼点と設定方法

Illustratorはポイント文字を基本としています。そのため、比較的長文のテキストを扱う際には、異なる配慮が必要です。ここでは、その着眼点や適切な設定方法について解説します。

今日は15:00から予定外のミーティングがありました。疲れを癒すため、夕方に近くのカフェWAVEで、お気に入りの抹茶ラテを楽しみました。短い休憩でしたが、心が"ほっと"しました。

今日は15:00から予定外のミーティングがありました。疲れを癒すため、夕方に近くのカフェWAVEで、お気に入りの抹茶ラテを楽しみました。短い休憩でしたが、心が"ほっと"しました。

自動カーニング

デフォルトの「0」を「和文等幅」に変更します。

今日は15:00から予定外のミーティングがありました。疲れを癒すため、夕方に近くのカフェWAVEで、お気に入りの抹茶ラテを楽しみました。短い休憩でしたが、心が"ほっと"しました。

今日は15:00から予定外のミーティングがありました。疲れを癒すため、夕方に近くのカフェWAVEで、お気に入りの抹茶ラテを楽しみました。短い休憩でしたが、心が"ほっと"しました。

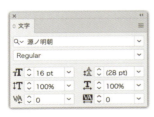

「和文等幅」とは
自動カーニングの「和文等幅」は、「和文は等幅、欧文はメトリクス」という意味合いです。「メトリクス」ではフォント内部に持っている**ペアカーニング**情報を有効にします。
たとえば「WとA」「AとV」のように隣り合う文字の組み合わせごとに設定された文字詰め情報を参照します。

4つの設定

長文のテキストでは、次の4点を設定する必要があります。

- 行間の調整
- 行末を揃える（均等配置）
- 禁則処理を少し緩く
- 括弧/句読点/和欧間の前後のスペースを調整

> テキストエリアの横幅を文字サイズの**整数倍に設定する**ことを意識しましょう。整数倍でない場合、カーニングを和文等幅や0に設定しても、字間が不均一になってしまいます。

行送り

1行あたりの文字数に応じて［文字］パネルで［行送り］の値を調整します。

［行送り］のデフォルトはフォントサイズの175%に設定されています。「(28pt)」のように「( )」付きで表示されているときには「自動」を意味し、［段落］パネルメニューの［ジャスティフィケーション］で設定された値が適用されます。

均等配置

［段落］パネルの［均等配置（最終行左揃え）］をクリックして、行頭行末揃え（ジャスティファイ）に設定します。

「均等配置」のキーボードショートカットは ⌘ + shift + J （Ctrl + Shift + J）です（JustifyのJ）。「均等配置」は**行頭行末揃え**と呼ばれることがあります。

禁則処理

［段落］パネルの［禁則処理］を確認します。デフォルトでは「強い禁則」が設定されています。「弱い禁則」を選択すると、音引き（ー）や拗促音、小書きの仮名が行頭に来ることを許容します（行長や文章のスタイルに応じて変更）。

テキストエリアで文章を扱う際、行頭に「、」や「。」が来ることは禁止されています。そこで必ず［禁則処理］を設定します。デフォルトでは「強い禁則」になっていますが、「弱い禁則」が適切です。
なお、オリジナルの禁則処理セットを作成・登録することも可能です。

和欧間のアキ

文字組みアキ量設定を使って、「和欧間のアキ」を調整します。

デフォルトでは25%（四分）。右は12.5%（八分）に設定しています。

まとめ

比較的長文のテキストで配慮すべき着眼点や設定方法です。

	デフォルト	本文組みでの実際の使用例
カーニング	0	和文等幅／メトリクス
行送り	175%	140-190%
行揃え	左揃え	均等配置（最終行左揃え）
禁則処理	強い	弱い
文字組みアキ量設定	行末約物半角	「行末約物半角」を元に調整

文字組みアキ量設定の調整

「文字組みアキ量設定」によって、句読点、括弧、中点、和欧間などのスペース（アキ情報）を設定します。文字組みアキ量設定をカスタマイズするには、新しい文字組みセットを作成する必要があります。

新しい文字組みセットの作成

1. ［段落］パネルの［文字組み］から［文字組みアキ量設定］をクリック

   > **カスタマイズ済み「文字組みアキ量設定」ファイル**
   > 『+DESIGNING』2013年11月号（vol.34）内の記事に関連する「文字組みアキ量設定」ファイルをダウンロードできます。https://www.plus-designing.jp/pd/pd34/mjk/pd34_mjk.html
   > 大石十三夫さん（なんでやねんDTP）による説明付きの「文字組みアキ量設定」ファイルが用意されています。これを元に研究してみるのもオススメです。

2. ［文字組みアキ量設定］ダイアログボックスが開いたら、［新規］ボタンをクリック

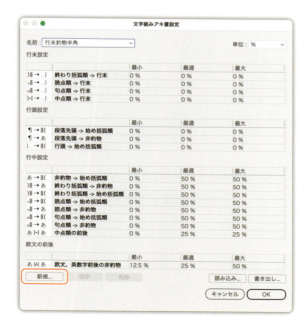

3. ［新規文字組みセット］ダイアログボックスが開いたら、［元とするセット］を選択し、新規セットの名前を設定します。

文字組みアキ量設定の調整例

たとえば、「句読点は全角ドリ（50%）、括弧類は半角ドリ（0%）、和欧間は八分の半分（6%）」といった方針を立てた場合、次のように設定します。

- 括弧類（［非約物 -> 始め 括弧類］、［終わり括弧類 -> 非約物］）の［最適］を「0%」に ❶
- 行中の句読点が常に全角ドリになるように［最小］を「50%」に ❷
- ［欧文、英数字前後の非約物］の［最小］を「6%」に、［最適］と［最大］を「12.5%」に ❸

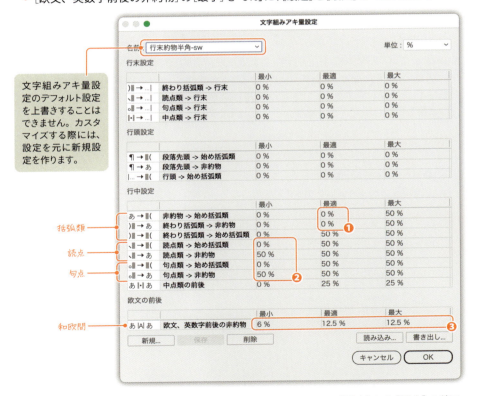

［最適］の設定値を設定していても、均等配置や禁則処理によって、［最小］から［最大］の値の範囲で文字間は伸び縮みします。

033 複数のフォントを混植する 合成フォントの作成方法とコツ

2種類以上のフォントを組み合わせて文字を配置することを「**混植**（こんしょく）」と呼びます。例えば、下の❷❸では「奇跡の」は游ゴシック体Bold、「Pyramid」にはAvenir Mediumを適用しています。ちょっとした違いですが、全体の印象が大きく変わることがわかります。

❶ 奇跡のPyramid
❷ 奇跡のPyramid
❸ 奇跡のPyramid ―― Avenir Medium

Illustratorでは「**合成フォント**」を使用して混植を行います。例❷では同じフォントサイズですが、例❸では「Pyramid」部分のフォントサイズを大きくし、ベースラインも調整しています。合成フォントでは、文字種ごとにフォントを指定するだけでなく、フォントサイズやベースラインの調整も自由に設定でき、細かなデザイン調整が可能です。

合成フォントを作成する流れ

1. ［書式］メニューの［合成フォント］をクリック
2. ［合成フォント］ダイアログボックスが開いたら［新規］ボタンをクリック

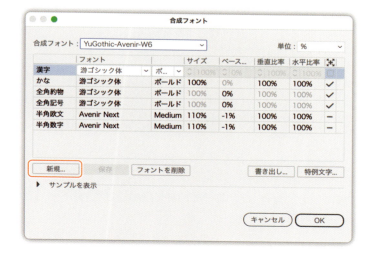

3. 合成フォント名を指定

合成フォント名は後から変更できないため、慎重にネーミングしましょう。
合成フォント名の付け方について次ページで解説します。

4. ［合成フォント］ダイアログボックスに戻るので、文字種ごとにフォントを指定

文字種は、漢字、かな、全角約物、全角記号、半角欧文、半角数字の6つ。全角**約物**（やくもの）には句読点、括弧類、全角のコロン、セミコロン、中黒、！や？などが含まれます。

5. 必要に応じてサイズやベースラインを調整し、［保存］ボタンをクリック

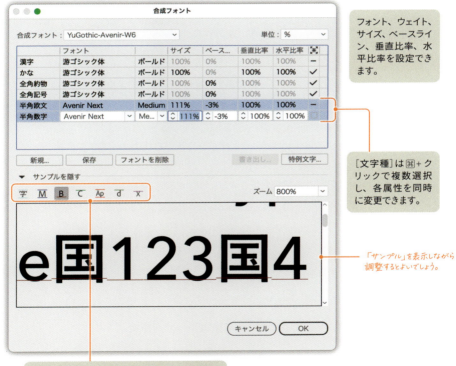

フォント、ウェイト、サイズ、ベースライン、垂直比率、水平比率を設定できます。

［文字種］は⌘＋クリックで複数選択し、各属性を同時に変更できます。

「サンプル」を表示しながら調整するとよいでしょう。

フォントサイズやベースラインを調整する場合、各種ガイドの表示が役立ちます。

作成した合成フォントを変更すると、ドキュメント内でそのフォントが適用されているテキストにも自動的に反映されます。また、合成フォントは他のドキュメントで再利用したり、他の人と共有できます。

合成フォント名

命名ルール

- 「YuGothic-Avenir-W6」のように構成フォントをハイフンでつなぐのが一般的です。
- 合成フォント名の末尾には<u>「-W3」のようにウェイトを指定します</u>。

<u>YuGothic</u>-<u>Avenir</u>-<u>W6</u>
和文フォント　　欧文フォント　　ウェイト

- 合成フォント名に使用する文字は**英数字とハイフン、アンダースコアのみ**にしましょう。
- 使用できる文字数は最大28文字までです。

「L」や「Light」のようなウェイト指定のフォントも存在しますが、その場合でも**末尾に「-W3」のように「W」と数字を付けることを推奨します**。これにより、InDesignに移植した際に<u>フォントファミリーとして認識されます</u>。Illustrator内だけで使う場合にも、末尾にウェイトをつけることでウェイト順に表示されます。

合成フォント名の変更

合成フォント名は一度設定すると後から変更できません。以下の手順で「ファイルを別名で保存する」ように行ってください。

1. ［合成フォント］ダイアログボックスで、［新規］ボタンをクリック
2. ［新規合成フォント］ダイアログボックスが表示されたら次のように設定する

- ［**名前**］：変更したい合成フォント名
- ［**元とするセット**］：古い名前の合成フォントをポップアップメニューから指定

3. 新しい合成フォント名の設定が完了した後、フォントを置換
4. 古い名前の合成フォントを削除する

合成フォントダウンロードセンター

ウェブサイト「合成フォントダウンロードセンター」では、多くの合成フォントが提供されています。その中でも、Adobe Fontsの合成フォントは「タイトル用」、「見出し用」、「本文用」など、用途に合わせてカテゴリー分けされています（他のフォントにはこのようなカテゴライズがない場合があります）。

https://rollin.co.jp/gousei-font/

混植例

和文フォントと欧文フォントの組み合わせ

「漢字／かな／全角約物／全角記号」に和文フォント、「半角欧文／半角数字」に欧文フォントを指定します。一番よく使われている例で**「和欧混植」**（わおうこんしょく）と呼ばれます。

AXIS ProN + Myriad
アップルのサイトなどで使われています。

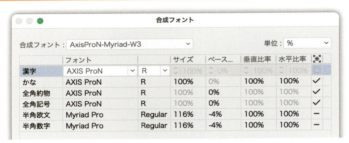

和文フォントと欧文フォントは、そもそもの設計が異なるため、大きさやベースラインの調整が必要です。

和文フォントに含まれる英数字部分は**「従属欧文」**（じゅうぞくおうぶん）と呼ばれます。次の理由から従属欧文を避けるデザイナーも少なくありません。

- 日本語とのバランスと考慮し、「g」「q」「p」などディセンダーを持つ文字が不自然にデザインされている
- モリサワのA-OTFフォントでは、ペアカーニングが適用されない
- 英数字のみの組み合わせで記号のバランスが崩れることがある

「かな」のみを変更する

ひらがなやカタカナを異なるフォントに設定することは、**「かな混植」**とも呼ばれます。

筑紫A丸ゴシック + かなたとひなた Small B

「かなたとひなた Small B」（フロップデザイン）はひらがな／カタカナ／英数字の字形のみを持つ「かなフォント」です。このようなフォントを使用するときに合成フォントを使います。

> 筑紫A丸ゴシック
> 革新的なデザインは、極限の活動からインスピレーションを得た。
>
> 筑紫A丸ゴシック + かなたとひなたSmall B
> 革新的なデザインは、極限の活動からインスピレーションを得た。

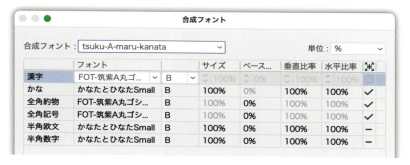

A P-OTF A1ゴシック Std + モガ B

レトロでかつエレガントな「モガ B」を、A1ゴシックと組み合わせます。

> A P-OTF A1ゴシック Std
> 新たなアプローチは、古代文明の知恵からWisdomを得た。
>
> A P-OTF A1ゴシック Std + モガ B
> 新たなアプローチは、古代文明の知恵からWisdomを得た。

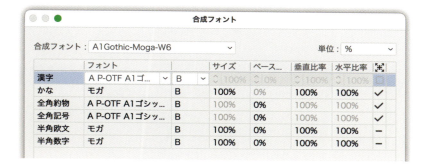

「特例文字」を使った少しマニアックな合成フォント

「特例文字」使うことで、指定した文字に対して、フォント、サイズ、ベースラインシフトなどを設定できます。

- 音引きを短くする
- 太めのウェイトでの括弧類を"軽く"する
- 小書きのかな文字を小さくし、細く見えないようにウェイトを上げる
- ハイフンやコロンなどのベースラインシフトを調整する

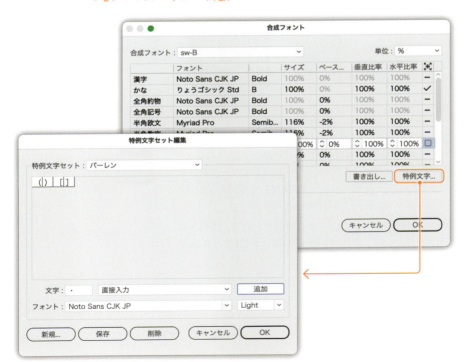

作り込みのサンプル

>山路をスピーディに「登り」な（が）ら12:34-56!?

▶山路をスピーディに「登り」な（が）ら12:34-56!?

FF Dingbests	りょうゴシックStd		りょうH	ヒラギノ角ゴW2	Noto Sans CJKL	Myriad	筑紫A丸ゴシック
86%	水平比率 90%		86%	軽く/小カギ	軽く	少し大きく	少し大きく

合成フォント

合成フォント: sw-B　　　　　単位: %

	フォント		サイズ	ベース…	垂直比率	水平比率	
漢字	Noto Sans CJK …	Bold	100%	0%	100%	100%	
かな	りょうゴシック Std	B	100%	0%	100%	100%	✓
全角約物	Noto Sans CJK JP	Bold	100%	0%	100%	100%	—
全角記号	Noto Sans CJK JP	Bold	100%	0%	100%	100%	—
半角欧文	Myriad Pro	Semib…	116%	-2%	100%	100%	—
半角数字	Myriad Pro	Semib…	116%	-2%	100%	100%	—
パーレン	Noto Sans CJK JP	Light	100%	0%	100%	100%	—
カギ括弧	ヒラギノ角ゴシック	W2	100%	0%	100%	100%	—
拗促音	りょうゴシック Std	H	82%	0%	100%	100%	—
音引き	りょうゴシック Std	B	100%	0%	100%	92%	—
ブレット	Myriad Pro	Black	100%	10%	100%	100%	—
二重引用符	游明朝体	ミデ…	100%	0%	100%	100%	—
ダレ	筑紫A丸ゴシック	ボールド	108%	-1%	100%	100%	—
ハイフン	Myriad Pro	Bold	100%	8%	100%	100%	—
コロン	Myriad Pro	Bold	100%	14%	100%	100%	—
>	FFDingbests	Regular	100%	0%	100%	100%	—

合成フォントのファイル化

ドキュメントを開いた状態で合成フォントを設定すると、そのドキュメントに合成フォントの情報が埋め込まれます。［合成フォント］ダイアログボックスの［書き出し］ボタンをクリックすれば、合成フォントの情報だけをファイルとして書き出せます（**拡張子はありません**）。

合成フォントを他のドキュメントで再利用したり、他の人と共有する際には、［書き出し］を行ってファイル化しておきましょう。

バックアップとしてもファイル化しておくことは重要です。

書き出し

書き出した合成フォントのファイルは「~/Library/Application Support/Adobe/Adobe Illustrator 28/ja_JP/合成フォント」フォルダー内に置きます。

トラブルシューティング

合成フォント使用時のコンフリクトの解決

ドキュメント間で同じ合成フォント名で設定が異なる場合、左のようなアラートがでます。

ドキュメントではなく、アプリケーションに合成フォントが保存されることがあるため、ひとつのドキュメントでもコンフリクトは発生します。

次のように考えるとよいでしょう。

- [**ドキュメント**]：開こうとしているドキュメントの設定を保持する
- [**既存**]：すでに開いているドキュメントの設定に変更する

保存できない

合成フォントの編集中にアラートが表示され、ドキュメントが保存できなくなることがあります。合成フォントを調整する際は、同時に開くドキュメントの数を減らすことで、メモリ不足によるトラブルを回避しやすくなります。

このアラートが出ると、Illustratorドキュメントはどうやっても保存できません。

現状の課題

- 簡易モードがない
  （「漢字／かな／全角約物／全角記号」と「半角欧文／半角数字」でざっくり指定したい）
- 設定ダイアログを閉じないと、ドキュメントにどのように反映されるかを確認できない
- 「特例文字」の流用ができないため、合成フォントごとに設定する必要がある
- ウェイト違いのバリエーションを効率的に作成するフローが想定されていない
- 合成フォント名を変更する機能がない（「元とするセット」を複製するしかない）
- バリアブルフォントやカラーフォントに対応していない
- 「同じ名称で設定が異なる」合成フォントが存在する場合、取扱いが面倒
- Photoshop および、その他のアプリケーションで利用できない
- Illustratorで作成した合成フォントは書き出して、InDesignで読み込めるが、InDesignで作成した合成フォントはをIllustrator用には書き出せない

034 アウトライン化されたオブジェクトからフォントを調べたり、テキストを復元する

Retype

待望の「Retype」（リタイプ）機能によって、ビットマップ画像やアウトライン化されたオブジェクトのフォントを調べたり、テキストに戻すことが可能になりました。復元されたテキストは、ほぼ同じサイズとカラーで「**ライブテキスト**」として再現されます。

対象となるオブジェクトの種類

- **ベクターオブジェクト**：アウトライン化されたテキスト
- **ビットマップ**：実行前に埋め込みが必要

> 2023年に搭載された「Retype」の名称は、「フォントの再入力」→「フォントの再編集」と来て、また、「Retype」に戻りました。

フォント検索の対象

- Adobe Fonts
- ローカルフォント

初回起動時にはフォントデータベースの作成に少し時間がかかることがありますが、その後はスムーズに使用できます。

> RetypeはAIを使っていますが、期待どおりにマッチしてくれないこともあります。

2つの機能で構成

Retype機能は［マッチフォント］と［テキストを編集］から構成されます。

［マッチフォント］の機能はすべて［テキストを編集］に含まれますので、常に［テキストを編集］を利用するとよいでしょう。

	マッチフォント	テキストを編集
近似のフォントを調べる	✓	✓
ライブテキスト化	✗	✓

フォント検索と復元の手順

1. 復元したいオブジェクトを選択し、[書式]メニューの[Retype]→[テキストを編集]をクリック
2. [Retype]パネルが開き、フォント候補がリストアップされる
3. いずれかのフォントを選択し❶、パネル下部の[適用]ボタンをクリック❷

4. 「ライブテキストに変換されました。」というメッセージが表示される

5. [終了]ボタンをクリックしてパネルを閉じる

Photoshopとの比較

Photoshopにはマッチフォントという機能がありますが、ライブテキストには変換できません。

	Illustrator	Photoshop
機能名	Retype	マッチフォント
欧文	✓	✓
和文	✓	✓
縦組み	✗	✓
ライブテキスト化	✓	✗
導入時期	27.6.1（2023年）	CC 2015（2016年）

スクリプトを利用する

スクリプトを利用して、テキストの復元を自動化するアプローチも有効です。

［属性］パネルのメモ

Illustratorの［属性］パネルを拡張表示すると、下部に［**メモ**］と呼ばれる欄が表示されます。このメモはオブジェクトごとに記憶されます（ドキュメントを閉じたり、Illustratorを再起動しても記憶しています）。

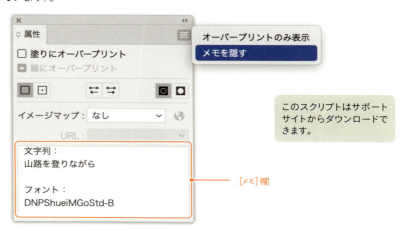

このスクリプトはサポートサイトからダウンロードできます。

［メモ］欄

スクリプトで復元する

スクリプトで選択しているテキストの文字列をメモに追加できます。そのメモの情報を読み込み、テキストを入力し、文字列、フォント、フォントサイズ、行送り、プロポーショナルメトリクス、トラッキング、組み方向などの属性を反映します。

フォントを調べる（Retype以外のソリューション）

Adobe Capture（スマホアプリ）の「文字」

スマホアプリの「Capture」の「文字」機能ではカメラと連動してフォントを調べられます。対象となるフォントはAdobe Fontsのみ。

ウェブサービス、Google Chrome の拡張機能

フォントを調べるウェブサービスや Google Chrome の拡張機能があります。

- WhatTheFont Font Finder https://www.myfonts.com/pages/whatthefont/crop
- Identifont http://www.identifont.com
- WhatFont（Google Chrome の拡張機能）

テキストを復元（Retype 以外のソリューション）

Google Lens、Google ドライブ、Google Cloud Vision API

高精度ですが、Illustrator と連動して使うには少し面倒です。

VectorFirstAid の「Unoutline text」

Astute Graphics のプラグイン集、VectorFirstAid に入っている「Unoutline text」を使うと Illustrator 内でテキストに戻せます。ただし、サポートは欧文のみ。

macOS のテキスト認識

macOS にはテキスト認識表示機能があり、「写真」アプリや「プレビュー」、Quick Look で利用できます。当初は英語のみの対応でしたが、macOS Ventura（13）以降、日本語のサポートも追加されています。

右下の｢≡｣アイコンをクリックすると画像内のすべてのテキストが選択された状態になります。

Acrobat の OCR

精度が低く、OCR には向きません。特に縦組みは要注意。

035 用途に応じて適切な数字の字形を利用する

表組みでは、数字の桁が揃うように**固定幅**（等幅、モノスペース）のフォントを使用しましょう。プロポーショナルフォントのままだと、同じ桁数でも数字の詰まり具合によって値が少なく見えるなど、正確に把握しにくくなります。

	プロポーショナルのフォント			固定幅のフォント	
❌	＃朝までイラレ	6,787	✅	＃朝までイラレ	6,787
	＃朝までイラレ 2	4,616		＃朝までイラレ 2	4,616
	＃朝までフォトショ	5,351		＃朝までフォトショ	5,351
	＃ノンデザ 25 周年	2,911		＃ノンデザ 25 周年	2,911
	＃朝までアフター	3,743		＃朝までアフター	3,743
	＃朝までマークアップ	3,493		＃朝までマークアップ	3,493
	＃朝までイラレ 3	4,738		＃朝までイラレ 3	4,738

固定幅フォントの探し方

固定幅フォントの探し方は2つあります。

フォント名で絞り込む

［フォントファミリ］欄に「mono」と入力する

「mono」が含まれるフォントが絞り込まれる。

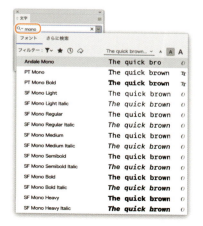

フィルターを使用する

フィルターバーの ▼ をクリックし、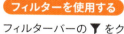（モノスペース：等幅書体）をクリック

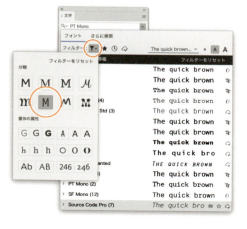

OpenType の数字オプション

フォントによっては、[OpenType]パネルの[数字]で字形を切り替えられます。

すべてのフォントに
4つのバージョンがあるわけではありません。

デフォルトの数字を除く4つは、次の2つのパラメーターの組み合わせです。

- **文字幅**：プロポーショナル／等幅
- **文字の高さ**：ライニング／オールドスタイル

	ライニング	オールドスタイル
等幅	4,311,967 0,000,000	4,311,967 0,000,000
プロポーショナル	4,311,967	4,311,967

- **ライニング**はライン（line）に由来します。ベースラインとキャップラインが同じライン（基準線）に揃えられているため、「lining」という用語が使われます。
- **オールドスタイル**数字は、多くの日本人には馴染みがありません。そのため、日本人を対象とした組版で使用するのは避けた方がよいでしょう。

等幅フォントを選択していても、「オプティカル」カーニングを適用すると、文字間が詰まってしまうので注意しましょう。

等幅	等幅+オプティカル
5,311 2,918	5,311 2,918

036 書式なしで文字列のみペーストする

書式なしでペースト

Illustratorでコピーしたテキストは、フォント、フォントサイズ、文字カラーなどの**書式**付きでペーストされます。[編集]メニューの[**書式なしでペースト**]を利用すると、文字列のみをペーストできます。

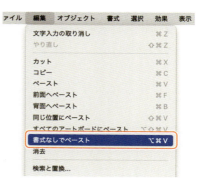

キーボードショートカットは⌘+option+Ⅴ（Ctrl+Alt+Ⅴ）です。

常に書式なしでペーストする

環境設定の[クリップボードの処理]カテゴリの[書式なしでテキストをペースト]オプションをONにすると、常に書式なしでペーストされます（デフォルトはOFF）。

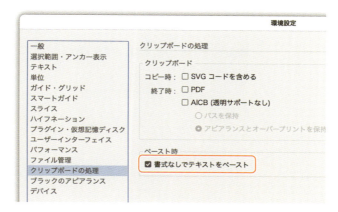

知っていたらラクできる
効率的なデータ作り

5

037 すべてのカラーリングは〈オブジェクトを再配色〉におまかせ

古くから実装されている［オブジェクトを再配色］ですが、この機能はカラーシミュレーションだけでなく、幅広い使い道がある奥深いものです。一度使い方を理解すると、その便利さから手放せなくなるでしょう。

〈オブジェクトを再配色〉を利用するには

［編集］メニューの［カラーを編集］のサブメニューにあります。

> 本書では、［オブジェクトを再配色］を実行することを、「〈**オブジェクトを再配色**〉**を開く**」のように記します。次ページ以降の手順では呼び出し方法は割愛します。

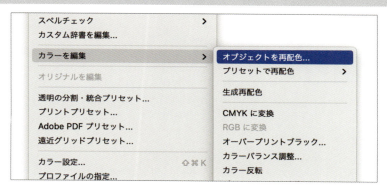

次のパネルなどから起動することもできますが、選択しているオブジェクトの状態によってボタンが表示されないことがあります。

- ［**プロパティ**］**パネル**：［オブジェクトを再配色］
- ［**コンテキストタスクバー**］：［（生成）再配色］
- ［**コントロール**］**パネル**：色相環のアイコン
- ［**コンテキストメニュー**］：非対応

作業効率を上げるために、ぜひキーボードショートカットを設定して活用しましょう（デフォルトでは設定されていません）。

カラーシミュレーション

〈オブジェクトを再配色〉を利用して、カラーシミュレーションを行ってみましょう。

1. アートワークを複製し、〈オブジェクトを再配色〉を開く

〈オブジェクトを再配色〉は"ライブ"機能ではないため、保存前なら取り消しが可能ですが、一度ファイルを閉じてしまうと元に戻せなくなります。そのため、==作業を始める前に必ずオブジェクトを複製してから行う==ようにしましょう。

〈オブジェクトを再配色〉機能はパターンやグラデーションにも適用できます。キーカラーが目立っているデザインであれば、複雑なグラデーションを含むデザインでも簡単に全体の配色を調整できます。

2. 「色相環」の中の◉をドラッグすると、ほかの◉も連動する

3. 個別に変更したい場合には、[ハーモニーカラーをリンク]をOFFにしてから❶、色相環の中の◉をドラッグする

〈塗り〉と〈線〉に同じカラーが使われている場合

同じオレンジを使っていますが、正円には〈塗り〉のみ、罫線には〈線〉のみに適用されています。同時にカラーを変更するのは困難です。オブジェクトを再配色を使えば、〈塗り〉と〈線〉に同じカラーが設定されている複数のオブジェクトのカラーをスピーディに変更できます。

1. 〈塗り〉と〈線〉が混じっている場合には、[?] と表示される。

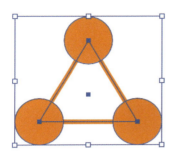 

2. 〈オブジェクトを再配色〉では〈塗り〉と〈線〉を分けずに考えるため、カラー変更を同時に行える

指定のカラーに変更する

色指定がある場合の手順です。

1. 〈オブジェクトを再配色〉を開き、[詳細オプション]ボタンをクリック ❶

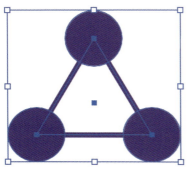

2. ダイアログボックス下部でカラー設定を行う ❷

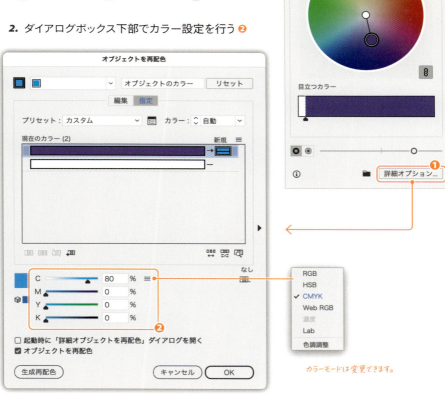

カラーモードは変更できます。

「このカラーにしたい!」

〈塗り〉と〈線〉が混じっている場合、[スポイトツール]を使うのは、かえって手間がかかります。

1. 希望するカラーを含むオブジェクトを同時に選択して、〈オブジェクトを再配色〉を開く

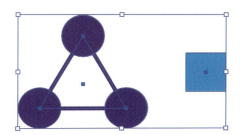

2. [詳細オプション]を開き、希望するカラーを[新規]の列にドラッグ&ドロップする ❸

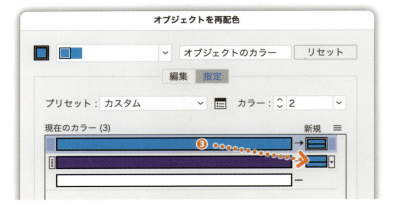

アピアランス内のカラーの統一

オブジェクト内でのカラーの統一にも有効です。アピアランス内では[スポイトツール]は使用できません。

> カラーグループの参照

〈オブジェクトを再配色〉でロゴのカラーリングを参照したい場合の手順です。

1. ロゴを選択し、[スウォッチ]パネルの 📁 をクリックして ❶ カラーグループとして登録 ❷

2. [オブジェクトを再配色]ダイアログボックスで右サイドバーを表示すると ❸、登録したカラーグループが表示されるので選択 ❹
3. カラーグループを選択すると ❺、[新規]の列にマッピングされる

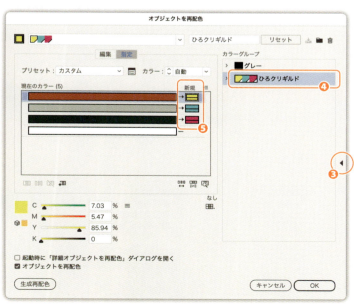

038 最速で作る水玉のパターン

長年、パターン作成は手間のかかる作業でした。しかし、現在のIllustratorでは、タイリング用正方形の作成は不要で、継ぎ目を気にせず、簡単に作成できます。

水玉模様の作成

水玉のパターンを作成してみましょう。

1. 水玉の元となる正円を描き、[オブジェクト]メニューの[パターン]→[作成]をクリック ❶
2. アラートが表示されるので[OK]ボタンをクリック ❷

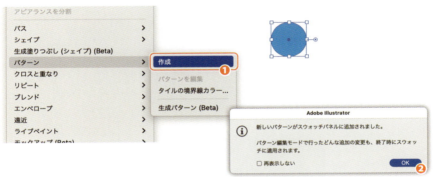

3. [パターンオプション]パネルが開く

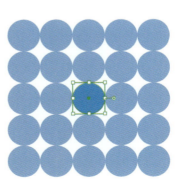

正円が格子状にピッタリと並ぶ

4. ドキュメントウィンドウのタイトルバーの下に表示されるグレー部分の[○完了]ボタンをクリックする(パターンの編集が終了し、[パターンオプション]パネルも閉じる)

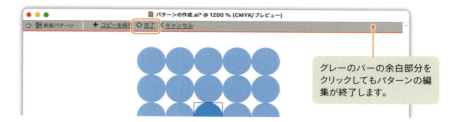

グレーのバーの余白部分をクリックしてもパターンの編集が終了します。

5. [スウォッチ]パネルに新しいパターンスウォッチが追加される

6. 長方形を描き、パターンを適用する

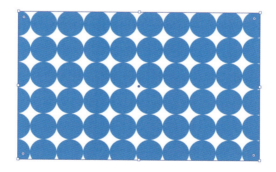

パターンを再利用したり、オブジェクト間での整合性を保持したりする必要がなければ、**リピートグリッド**機能も役立ちます。タイリング(グリッドの種類)などの調整は[プロパティ]パネルで行います。

パターンの編集

作成したパターンは自由に編集できます。

1. [スウォッチ]パネルに追加されたパターンスウォッチをダブルクリック
2. [パターンオプション]パネルが開くので、[縦横比を保持]ボタン(鎖のアイコン)をクリックし❶、[幅]と[高さ]の値を変更❷

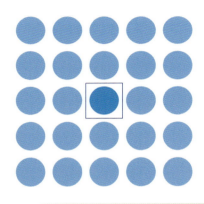

ピッタリと並んでいた正円にアキが生じる

3. [タイルの種類]を「レンガ(横)」に変更

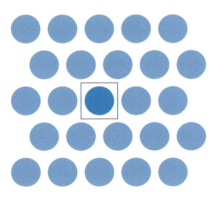

4. パターンの編集を終了すると、長方形のパターンにも反映される

039 デフォルトで用意されている ベーシックパターン（水玉、ライン）を 活用する

ベーシックパターン

水玉やラインのパターンはデフォルトで用意されています。
［スウォッチ］パネル下部の［スウォッチライブラリメニュー］から［パターン］→［ベーシック］とたどると、「ベーシック_ライン」、「ベーシック_点」というライブラリを選択できます。

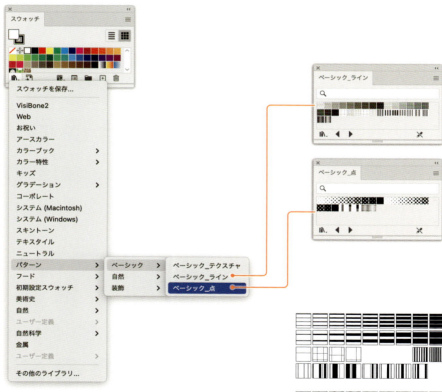

濃度の異なるパターンが用意されています
（それぞれ、新しいパネルとして開く）。

パターン密度の変更

パターンスウォッチの密度は、[拡大・縮小]や[変形]効果を使って変更できます。

[拡大・縮小]コマンド

[拡大・縮小]ダイアログボックスで次のオプションを設定します。

- [オブジェクトの変形]オプションをOFFに
- [パターンの変形]をONに

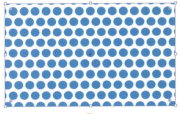

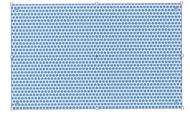

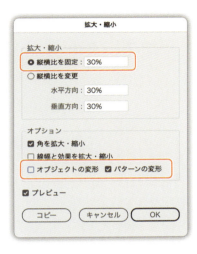

[変形]効果

アピアランスの[変形]効果も使えます。

密度と同時に、[回転]の[角度]の値でパターンの角度を変更できます。

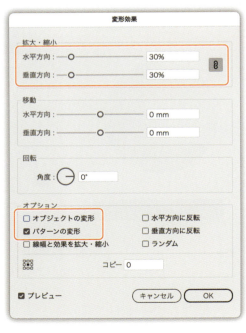

パターンへのカラーリング

〈オブジェクトを再配色〉を使ってベーシックパターンに着色してみましょう。〈オブジェクトを再配色〉のデフォルトでは、ブラック（黒）は再配色の対象外になっています。そのため、ブラックも再配色に含めたい場合は、設定の変更が必要です。

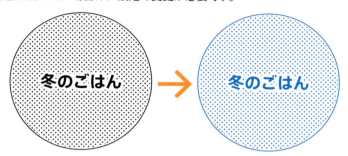

1. ［編集］メニューの［カラーを編集］→［オブジェクトを再配色］をクリック
2. ［詳細オプション］ボタンをクリック ❶
3. ［配色オプション］ボタンをクリック ❷

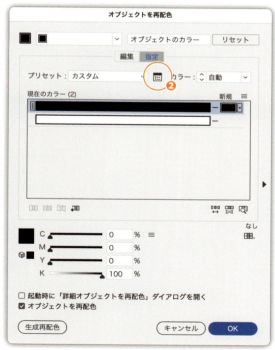

168

4. ［配色オプション］ダイアログボックスが開いたら、［保持］の［ブラック］をOFFにする ❸

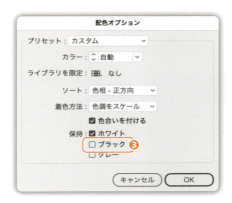

［保持］オプションがONになっていると、そのカラーは〈オブジェクトを再配色〉から除外されます。つまり、カラーは変更されません。

5. ブラック（黒）が変更可能になるので、カラーを調節する ❹
6. パターンスウォッチは上書きされず、新しいパターンスウォッチが作成され、そのスウォッチにリンクされる ❺

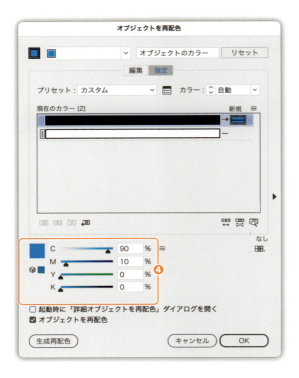

［配色オプション］ダイアログボックスで［保持］の設定を変更したら、いったんダイアログボックス右上の［リセット］ボタンを押すと作業しやすいです。

040 ねらったオブジェクトを スピーディに選択する

オブジェクトの選択は、Illustrator操作の基本中の基本です。見逃しがちな「背面のオブジェクトを選択」、自動選択ツール、選択メニューについて紹介します。

前面／背面のオブジェクトを選択

背面のオブジェクトを選択

重なり合っているオブジェクトを、⌘（Ctrl）+ クリックで順番に選択できます。

何回か⌘（Ctrl）+ クリックしないと、背面のオブジェクトを選択できないことがあります。

この機能は［選択範囲・アンカー表示］環境設定でOFFにできます。

前面、背面のオブジェクトを選択

［選択］メニューの［前面のオブジェクト］（または［背面のオブジェクト］）コマンドを使うと、選択しているオブジェクトの前面（背面）のオブジェクトを選択できます。

オブジェクトが多い場合には、狙いどおりのオブジェクトを選択しにくいかもしれません。

前面	⌘ + option +]	Ctrl + Alt +]
背面	⌘ + option + [	Ctrl + Alt + [

自動選択ツール

［自動選択ツール］でオブジェクトをクリックすると、クリックしたオブジェクトと同じ〈塗り〉のオブジェクトが選択されます。グループ化されている場合でも、グループ内の個別のオブジェクトが選択されます。

ツールバーの［自動選択ツール］をダブルクリックすると［自動選択］パネルが表示されます。

デフォルトでは［カラー（塗り）］のみがONになっています。
［自動選択］パネルで**許容値**を設定することで、より精度の高い選択が可能です。

	デフォルト	最小	最大
カラー（塗り）	20	0	255
カラー（線）	32	0	255
線幅	5pt	0pt	1000pt
不透明度	5%	0%	100%

［選択］メニューの基本コマンド

［すべてを選択］、［選択を解除］、［再選択］などの基本コマンドにはキーボードショートカットが用意されています。

選択関連のキーボードショートカット

選択関連のメニューコマンドは使用頻度が高いので、キーボードショートカットをおさえておきましょう（［選択範囲を反転］のみキーボードショートカットが設定されていません）。

メニュー	サブメニュー		
選択	すべてを選択	⌘ + A	Ctrl + A
	作業アートボードのすべてを選択	option + ⌘ + A	Alt + Ctrl + A
	選択を解除	shift + ⌘ + A	Shift + Ctrl + A
	再選択	⌘ + 6	Ctrl + 6
	選択範囲を反転	設定なし	設定なし
	前面のオブジェクト	option + ⌘ +]	Alt + Ctrl +]
	背面のオブジェクト	option + ⌘ + [	Alt + Ctrl + [
共通	アピアランス	⌘ + option + shift + 6	Ctrl + Alt + Shift + 6

ユースケース①

選択しているオブジェクトのみを残し、残りを削除したい場合に［選択範囲を反転］を活用できます。

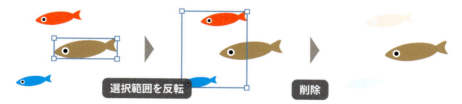

ユースケース②

アートボードのオブジェクトのみを残し、残りを削除したい場合には次の手順で行います。

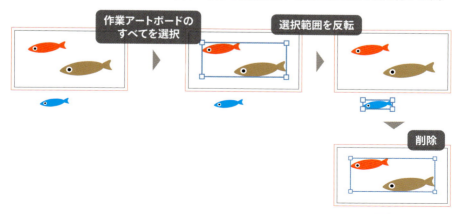

共通選択とオブジェクト選択

［選択メニュー］には**共通**選択と**オブジェクト**選択が用意されています。

- **A 共通選択**：選択しているオブジェクトと共通の属性のオブジェクトを選択
- **B オブジェクト**：指定した種類に応じて選択（オブジェクトの選択は無視）

同じカラーや線、描画モードをスピーディに選択して変更できるため、作業効率が上がるだけでなく、選択モレも防ぐことができます。

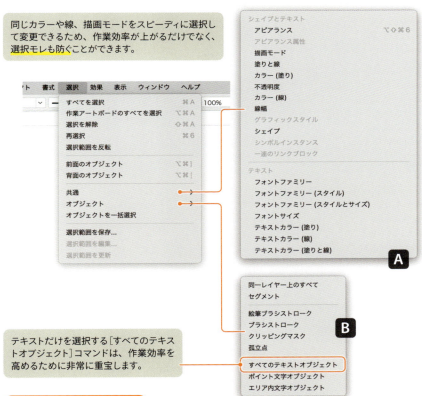

テキストだけを選択する［すべてのテキストオブジェクト］コマンドは、作業効率を高めるために非常に重宝します。

共通のフォント属性の選択

同じフォント、同じフォントサイズなどの条件で選択できます。

メニューコマンド	ファミリー	スタイル	サイズ	塗り	線
フォントファミリー	✓				
フォントファミリー（スタイル）		✓			
フォントファミリー（スタイルとサイズ）		✓	✓		
フォントサイズ			✓		
テキストカラー（塗り）				✓	
テキストカラー（線）					✓
テキストカラー（塗りと線）				✓	✓

［選択］メニューを拡張するSelectMenuプラグイン

SelectMenuという無料のプラグインを使うことで［選択］メニューを大幅に拡張できます。

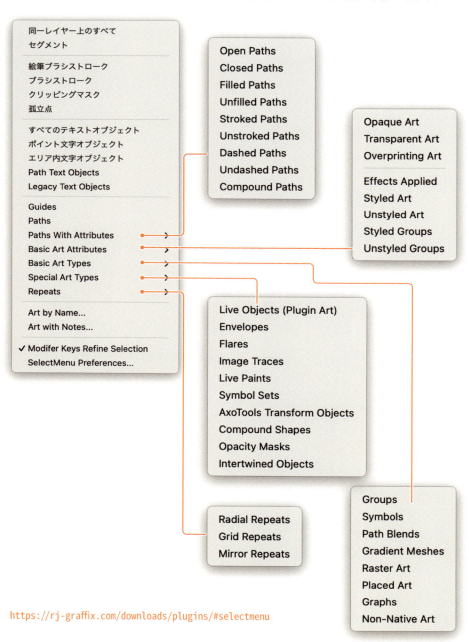

https://rj-graffix.com/downloads/plugins/#selectmenu

メニューは英語表記ですので、次の表を参考にしてご利用ください。

カテゴリ	メニュー	意味
テキスト	Path Text Objects	パス上のテキスト
	Legacy Text Objects	レガシーテキスト
Guides		ガイド
Paths		パス
Path With Attributes	Open Paths	オープンパス
	Closed Paths	クローズパス
	Filled Paths	〈塗り〉のあるパス
	Unfilled Paths	〈塗り〉のないパス
	Stroked Paths	〈線〉が設定されているパス
	Unstroked Paths	〈線〉が設定されていないパス
	Dashed Paths	破線設定されているパス
	Undashed Paths	破線設定されていないパス
	Compound Paths	複合パス
Basic Art Attributes	Opaque Art	不透明度100
	Transparent Art	不透明度が設定されている
	Overprinting Objects	オーバープリントが適用
	Effects Applied	効果が適用されている
	Styled Art	グラフィックスタイルが適用されているオブジェクト
	Unstyled Art	グラフィックスタイルが適用されていないオブジェクト
	Styled Groups	グラフィックスタイルが適用されているグループ
	Unstyled Groups	グラフィックスタイルが適用されていないグループ
Basic Art Types	Groups	グループ化されたオブジェクト
	Symbols	シンボル
	Path Blends	ブレンドが適用されたパスオブジェクト
	Gradient Meshes	グラデーションメッシュ
	Raster Art	埋め込み画像
	Placed Art	リンク画像
	Graphs	グラフ
	Non-Native Art	Illustratorで編集不可能なオブジェクト
Special Art Types	Live Objects	非破壊のプラグインなどが適用されたオブジェクト
	Envelopes	エンベロープ
	Flares	フレアツールで描画したオブジェクト
	Image Traces	画像トレースが設定されたオブジェクト
	Live Paints	ライブペイント
	Symbol Sets	シンボルセット
	AxoTools Transform Objects	AxoTools Transformを適用したオブジェクト
	Compound Shapes	複合シェイプ
	Opacity Masks	不透明マスク
	Intertwined Objects	クロスと重なり
Repeats	Radial Repeats	リピート（ラジアル）
	Grid Repeats	リピートオブジェクト（グリッド）
	Mirror Repeats	リピートオブジェクト（ミラー）
Art by Name		レイヤー名で検索
Art with Notes		［属性］パネルの［メモ］で検索

041 作業対象でないオブジェクトが邪魔にならないようにする

Illustratorで、作業対象のオブジェクトだけを操作できるようにしたり、ほかを隠す方法を身につけましょう。

レイヤーパネルでの操作

［レイヤー］パネルで option (Alt) を押しながらクリックすると、クリックしたレイヤー以外を「非表示」にしたり、「ロック」したりできます。

「地図」レイヤー以外を隠した状態

この操作は上位のレイヤーのみが対象でサブレイヤーでは使えません。

選択オブジェクト編集モード

［他をロック］は、オブジェクトがロックされているかどうかがわかりにくく、［他を隠す］は編集対象以外のオブジェクトがまったく見えなくなってしまいます。そこで活用したいのが、ほかのオブジェクトはうっすらと見えつつ触れなくなる「**選択オブジェクト編集モード**」です。

選択オブジェクト編集モード

半透明に表示されているが、ロックされていて選択できない

「選択オブジェクト編集モード」の切り換え方法

- 対象となるオブジェクトをダブルクリック
- ［コントロール］パネルの ボタンをクリック
- 右クリックメニューでは［選択パス編集モード］

［選択オブジェクト編集モード］は英語版では"Isolation Mode"です。"Isolation"は「分離、孤立、隔離」という意味で、その方がイメージしやすいかもしれません。

作業対象以外のオブジェクトを隠したり、ロックする

現在、選択しているオブジェクト以外を隠したり、ロックする操作にはキーボードショートカットが用意されています。

[キーボードショートカット]ダイアログボックスの[メニューコマンド]カテゴリの下の方にある[その他のオブジェクト]の中にあります。

> [キーボードショートカット]ダイアログボックスの[メニューコマンド]カテゴリの中には、実際のメニューには表示されないコマンドも用意されています。

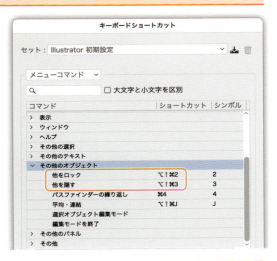

使い分け

それぞれの性質を理解して、使い分けましょう。

コマンド	キーボードショートカット	解除	ほかのオブジェクト
他をロック	⌘ + option + shift + 2	⌘ + option + 2	見た目は変わらない
他を隠す	⌘ + option + shift + 3	⌘ + option + 3	まったく見えなくなる
選択オブジェクト編集モード	※設定可能	esc	半透明

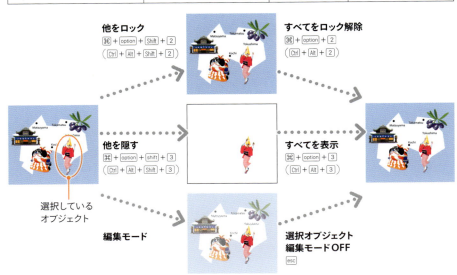

042 選択しているオブジェクトを[レイヤー]パネルで探す

ドキュメント上にたくさんのオブジェクトがあり、複雑にグループ化されているような場合、[レイヤー]パネル上でオブジェクトを特定し、オブジェクトの構造を調べたいことがあります。

1. ドキュメント上でオブジェクトを選択する

2. [レイヤー]パネルの 🔍 ([選択したオブジェクトを探す]ボタン)をクリック

[選択したオブジェクトを探す]にキーボードショートカットは設定できません。アクションには登録できます。

043 オブジェクトの移動を ストレスなくこなすには

矢印キーを利用する

オブジェクトを少しだけ移動したいときには、矢印キーの利用が適しています。
移動距離は、[環境設定] ダイアログボックスの [一般] カテゴリの [キー入力] で設定します。デフォルトは 0.3528mm。制作物にもよりますが、0.35mm では移動しすぎてしまうので、「0.1mm」に変更しておくと微調整しやすくなります。

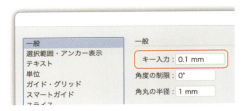

デフォルトの「0.3528 mm」は1ポイント。
1インチ＝72ポイント＝2.54cm です。

10倍移動する

shift を押しながら矢印キーを押すと、[キー入力] で設定した10倍の距離で移動します。
[キー入力] を「0.1mm」に設定しているときには1mm移動します。

修飾キーとマウスホイールを使った移動

値の増減を行う際、修飾キーの組み合わせで次の表のように値が増減します（単位によって異なります）。

キー（クリック／ホイール）	mm	px（pt）
クリック／ホイールのみ	1 mm	1 px
shift ＋	10 mm	10 px
⌘ (Ctrl) ＋	0.5 mm	0.1 px
⌘ (Ctrl) ＋ shift ＋	5 mm	

- 変更したい値が整数値でない場合、最初のワンクリック目は整数値に変更します。
- オブジェクトを選択しているとき option (Alt) を併用すると移動しながら複製されます。

⇅ は「スピンボタン」といいます。

044 直しに強く、スピーディに作成する表組みのベース

表組みについて

集計や料金表など、多くの情報を視覚的に整理して見せるときに表組み（表、テーブル）を用います。表組みは、次の基本要素で構成されます。

- **セル**：表の中で行と列が交差する1つひとつのマス目のこと
- **行**：横方向に並んだセルの集まり
- **列**：縦方向に並んだセルの集まり

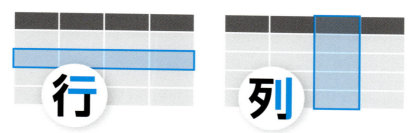

また、セルは縦方向／横方向に結合（マージ）することがあります。

手順

Illustratorには表組み作成専用の機能がないため、[**長方形グリッドツール**]や**ライブペイント**を活用して表を作成します。ここでは、テキストを入れて完成させる前に、テキスト以外の要素をどのように扱うかを紹介します。

次のような6行4列の表を作成してみましょう。

3列目は高さが異なるため、別途制作します。

表の原型を描く

1. ［長方形グリッドツール］を選択し、カンバスでクリック
2. ［長方形グリッドツールオプション］が開いたら、次のように設定

- **幅**：160 mm
- **高さ**：70 mm
- **水平方向の分割**：5
- **垂直方向の分割**：3
- **［外枠に長方形を使用］オプション**：OFF

[外枠に長方形を使用]オプションをOFFにすることで外枠の4つの辺が連結しません。そのため、個別に線幅を変更したり、長さを調整できます。

6行4列にする場合、［水平方向の分割］には「5」、［垂直方向の分割］には「3」を入力します（各値は1を引いたものを設定）。

線の調整

このままだと四隅がキレイになりませんので、［線］パネルで［線端］を「突出先端」に変更します。また、線幅を「0.25pt」に設定します。

「突出先端」に変更すると、アンカーポイントから線幅の半分だけ延長されます。

ライブペイントで着色

1. 作成した長方形グリッドを〈ライブペイント〉として扱えるように［オブジェクト］メニューの［ライブペイント］→［作成］をクリックする

ライブペイントを作成したオブジェクトは**ライブペイントグループ**と呼ばれます。

2. すべてのセルに同じカラーで着色するには、［プロパティ］パネルで〈塗り〉を設定する

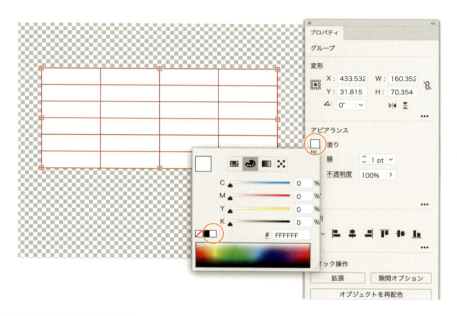

ライブペイントグループに変換後も列幅を均等にできます。［グループ選択ツール］で縦罫線のみを選択して整列を実行します（行の高さの場合には横罫線を選択）。

182

3. 個別にセルに着色したい場合には、[ライブペイントツール]に切り換え、塗りたいスウォッチを選択し、クリック（またはドラッグ）

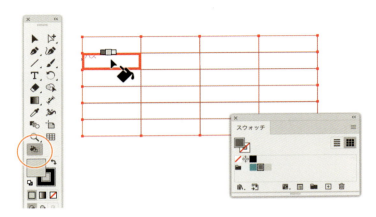

4. ▶キーで次のスウォッチ、◀で前のスウォッチに切り替わる

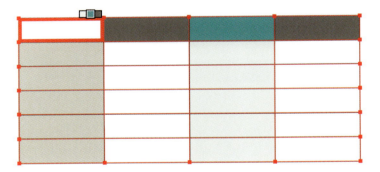

5. 左上のセルが欠けるようにするには、[ダイレクト選択ツール]でアンカーポイントを移動

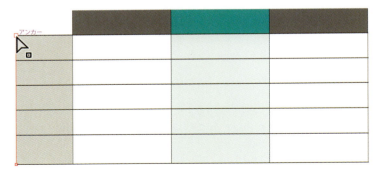

ライブペイントグループのまま、次のような表現が可能です。

- 線を移動すると、〈塗り〉を維持したまま自動的に列幅（セルの高さ）を調整できる
- セルを結合するには、線の長さを調整する
- 罫線を消す場合、線を削除するのではなく、線幅を0に設定する
- 線の太さや線端は、それぞれ個別に設定可能

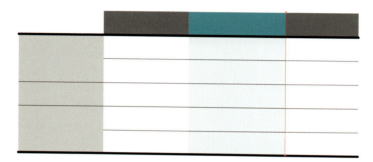

応用例

［長方形グリッドツール］で描いた罫線のカラー、線幅は「なし」にして、ライブペイントに［パスのオフセット］効果を設定してガター（セル間のスキマ）を設定できます。

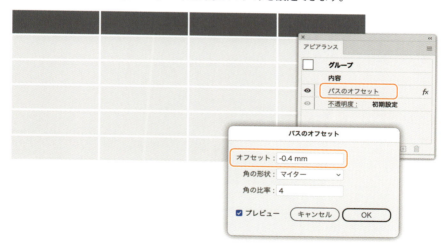

テキスト量が多い場合には、表組み機能が充実しているInDesignを使用するのが圧倒的に適しています。InDesignで（テキスト込みで）作成し、次のいずれかでIllustratorで使えるようにします。

- EPS保存し、Illustratorで開いて保存し直す
- PDF変換し、Illustratorに配置する
- CCライブラリに登録し、Illustratorにリンク配置する
- Illustratorドキュメントにコピー＆ペースト

［角を丸くする］効果を適用すれば、セルをそれぞれ角丸に設定できます。

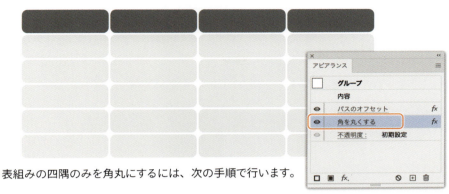

表組みの四隅のみを角丸にするには、次の手順で行います。

1. 〈塗り属性〉を追加し、［形状に変換］効果で長方形化 ❶
2. ［角を丸くする］効果で角丸を設定 ❷
3. ［パスファインダー（切り抜き）］効果を適用 ❸

［パスファインダー（切り抜き）］効果によってマスクすると考えるとよいでしょう。

3列目の強調部分

3列目の強調部分はコラム風ボックス（78ページ参照）で作ってもいいのですが、高さを変更するとバー部分の高さ調整が面倒です。そこで、長方形をバー下部の罫線の2つで作成します。

1. 3列目と合わせて長方形を描く。下部はスナップを使って正確に、高さはお好みで

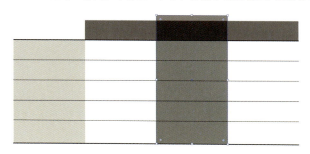

2. アピアランスでタブ形状（83ページ参照）にする

便宜的に〈塗り〉を設定していますが、グループ化直前に〈塗り〉と〈線〉を「なし」にします。

罫線

1. スナップを使って正確に1行目の下部に合わせて罫線を描く

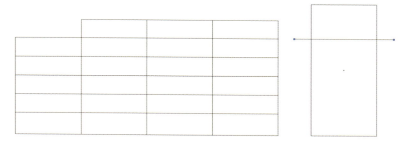

2. [形状に変換]効果で長方形化

幅に追加：0
高さに追加：40

3. [変形]効果を加える

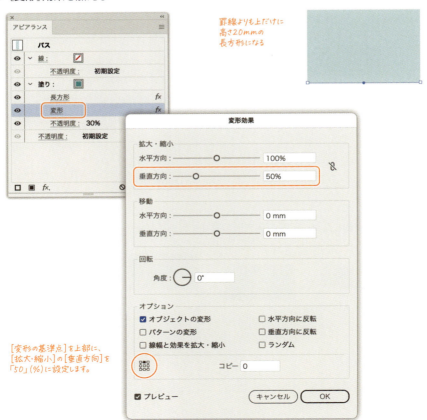

[変形の基準点]を上部に、
[拡大・縮小]の[垂直方向]を
「50」(%)に設定します。

> **グループ化**

1. 下が罫線、上が長方形になるように重なり順を変更
2. グループ化し ❶、線を追加 ❷
3. ［パスファインダー（切り抜き）］効果を加える ❸

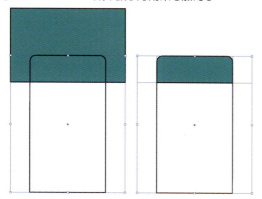

［パスファインダー（切り抜き）］効果によって
前面のオブジェクト（タブ形状）で
マスクするような結果になります。

4. 〈線属性〉に［パスファインダー（追加）］効果を加える ❹

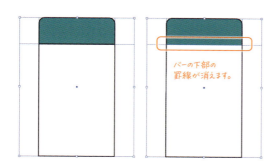

バーの下部の
罫線が消えます。

罫線を上下に移動したり、背面の長方形の高さも自由に変更できます。

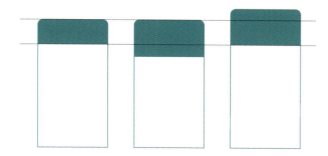

045 表組みのテキストを効率よく配置する

表組みのベース（前項）が完成したら、その上にテキストを配置していきましょう。

	カジュアル	フルコミット	エクストラ
目的	趣味で楽しく	仕事に活かしたい	プロ並みに極めたい
最大サポート時間	5時間/月	9時間/月	30時間/月
時間保証	なし	3時間/月	10時間/月
レッスン数	3回/月	6回/月	15回/月
サポート内容	なし	△	○

テキストを配置するには大きく2つの方法があります。テキストの量やフォントサイズのバリエーションに応じて最適な方法が変わってきますが、組み合わせることもあります。

- 表組みの「セル」単位でテキストを入力する
- テキスト全体をひとつのオブジェクトでまとめて扱う

いずれの場合にも「表組みのベース」レイヤーはロックして、テキスト専用のレイヤーを作成して進めましょう。

表組みの「セル」単位でテキストを入力する

セル数が少ない場合には、表組みの「セル」単位でエリア内文字としてテキストを扱います。

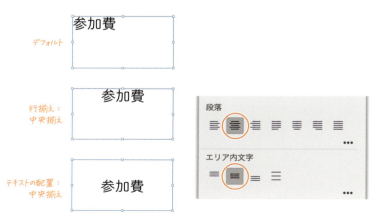

両端揃えとインデントの組み合わせ

セルいっぱいにテキストが広がるように表現するには〈両端揃え〉と〈インデント〉を組み合わせます。

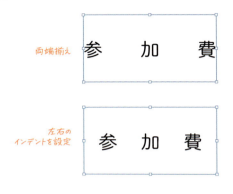

スレッドテキストを使うことで、セルを連結してテキストを流し込めますが、2つの方法で結果が異なります。

A ［**長方形グリッドツール**］**で描いた図形に**［**パスファインダー（分割）**］**を適用**：
連結の順番がランダム

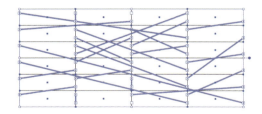

B **長方形に**［**グリッドに分割**］**を適用**：行方向に順番通りにセルが連結される

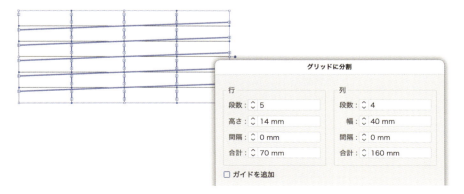

テキスト全体をひとつのオブジェクトでまとめて扱う

行間（1）

セルの高さが均一で12mmの場合、［行送り］に「12mm」と単位付きで入力するとポイントに変換され、正確な行間が設定されます。

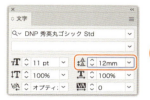

行間（2）

テキストをエリア内文字に変換し、［テキストの位置］を「均等配置（垂直方向）」に設定することで、テキストをセル内で均等に配置できます。

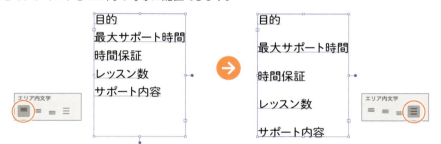

列の位置調整

テキスト全体をひとつのオブジェクトでまとめて扱う場合、［タブ］パネルを使用して、列ごとの位置を［タブストップ］で調整します。

046 デザインの核心を成す整列の基本

デザイン制作において欠かせない「整列」。実際、「デザインとは整列そのもの」と言えるほど、整列はデザインの核心を成し、1日に何十回と「整列」操作を行います。

［整列］パネル

整列の操作で、主に使うのは［整列］パネルです。［整列］パネルの右下には整列の対象を選択する3つのオプションが用意されています。

- アートボード
- 選択範囲
- キーオブジェクト

従来、ポップアップメニューから選択していましたが、最近のIllustratorでは、アイコンをクリックする形式に変更されています。

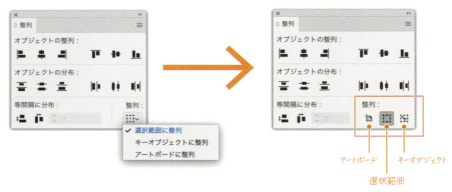

しかしながら、実際のところ、このアイコンを操作することは、ほぼありません。

- 選択しているオブジェクトがひとつ（またはグループ化されたオブジェクトがひとつ）のときには自動で［アートボード］オプションが選択される
- 複数オブジェクトを選択後、そのうちのいずれかのオブジェクトをクリックするとキーオブジェクトになる。［整列］パネルでも［キーオブジェクト］オプションが選択される

メニューコマンド

このうち、〈オブジェクトの整列〉、〈オブジェクトの分布〉の6つのコマンドはメニューからも実行できるようになりました。

整列のキーボードショートカット

メニューコマンドから実行できる6つのコマンドにはキーボードショートカットを設定可能です。

- デフォルトでは用意されていません。
- 実際のところ、キーボードショートカットの空きスロットはありません。

等間隔に分布

[等間隔に分布]はメニューコマンドには含まれていません。アクションを作成してキーボードショートカットを設定しておくとよいでしょう。

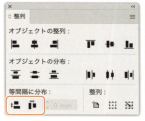

アンカーポイントの整列

アンカーポイントも整列の対象にできます。

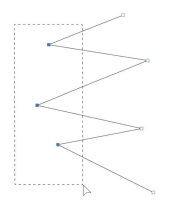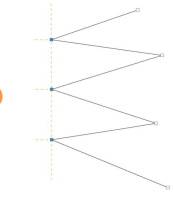

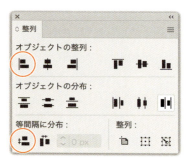

プレビュー境界を使用

次のような場合、見た目どおりに揃いません。

- オブジェクトに線幅が設定されているとき
- ［形状に変換］効果で図形が追加されているとき

見た目どおりに揃えたい場合には［プレビュー境界を使用］オプションをONにします。

［プレビュー境界を使用］オプションは環境設定でも設定できます。［整列］パネルと連動しています。

スクリプトでON/OFFする

宮澤聖二さんのスクリプト「Change Use Preview Bounds setting」の「設定のオンとオフを交互に切り替えるスクリプト」を使うと、ON/OFFを切り換え、メッセージが出ます。キーボードショートカットで切り換えられるようにしておくと効率的です。

https://onthehead.com/ais/preference003/

字形の境界に整列

オブジェクトとテキストを天地で合わせたい場合、整列機能を使っても天地が均等にならないことがあります。「源ノ角ゴシック」や「貂明朝」などのフォントでは、そのズレが顕著です。

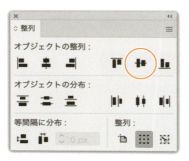 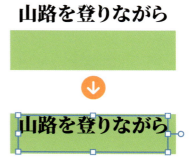

［整列］パネルオプションで［字形の境界に整列］をONにすると、アウトライン化されたテキストと同じように整列できるようになります。

ポイント文字とエリア内文字を個別にON/OFFできます。

使い分け

［字形の境界に整列］オプションを常にONにしておけばよさそうですが、テキストをベースラインで揃える場合にはOFFにする必要があります。

オブジェクトをぴったり揃える

次のようにオブジェクトをぴったり揃えたいときの手順です。

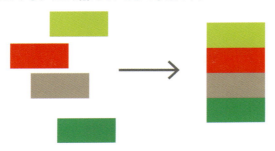

1. すべてのオブジェクトを選択
2. いずれかのオブジェクトをクリック(**キーオブジェクト**に設定) ❶
3. [整列]パネルで「0」を入力し ❷、[垂直方向等間隔に分布]をクリック ❸

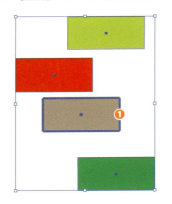
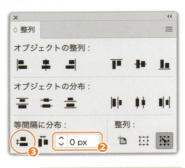

> 指定した間隔でオブジェクトを揃えるには、数値を入力します。

4. [整列]パネルで[水平方向左に整列]をクリック

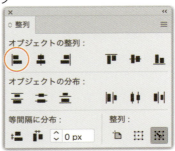

> GOROLIB DESIGNのスクリプトを使うと、上記の操作を一瞬で完了できます。ダイアログで間隔の指定も可能。
> https://note.com/gorolib/n/n50b8d35cd56a

グリフにスナップ

グリフにスナップ機能を使うことで、テキストをアウトライン化せずに、アウトライン化したときのアンカーポイントや仮想ボディの中心にスナップできます。

従来：アウトライン化しないとき

- スナップするのはテキストのアンカーポイント（1点）のみ
- テキストの角などにスナップすることはできない

現在：グリフにスナップ

あたかもアウトライン化したように、アンカーポイントにスナップしたり、仮想ボディの中心にスナップできる。

前提条件として「グリフにスナップ」機能を使うには、次の2箇所がONになっている必要があります。

- ［表示］メニューの［グリフにスナップ］
- ［文字］パネル下部の［グリフにスナップ］

［文字］パネル下部のオプション

スナップの対象になるのは次の6つです。ボタンは個別にON/OFFできます。

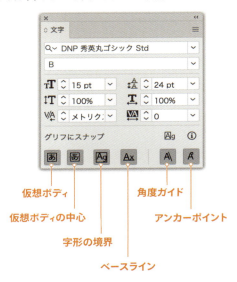

グリフにスナップの緑色のガイド（グリフガイド）が見えにくい場合には、環境設定の［スマートガイド］カテゴリで［グリフガイド］のカラーを変更します。

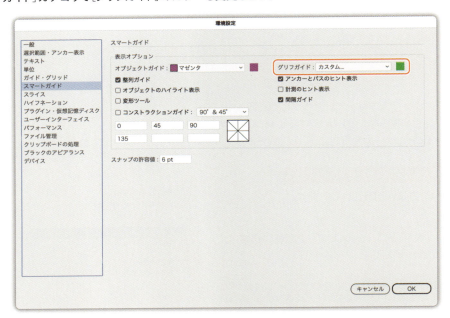

047 ビューの回転を使いこなす

Illustratorにビューの回転機能が追加されています。

ビューを回転とリセット

ビューを回転する方法がいくつか用意されています。

ツールを利用する

［手のひらツール］のサブツールに［回転ビューツール］が追加されています。

［回転ビューツール］に切り替えるキーボードショートカットは shift + H です。

- カンバスをクリック&ドラッグして回転
- shift を押しながらドラッグすると15°ずつスナップ
- ほかのツール使用時に shift + □ で一時的に［回転ビューツール］へ切り替え

ビューの回転をリセットするには

3つの方法が用意されています。

- esc
- ［表示］メニューの［ビューを回転の初期化］
- ⌘ + shift + 1 (Ctrl + Shift + 1)

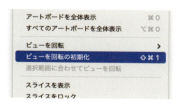

意図せずビューがわずかに回転してしまい、描画が不自然に見えることがあります。そんなときもリセット機能を活用しましょう。

ステータスバー

アプリケーションウィンドウ下部のステータスバーに、カンバス回転のインターフェイスが追加されています。

- 入力フィールド右にあるポップアップボタンをクリックし、回転角度リストから選択
- ビューを回転入力フィールドに直接数値入力する

どのツールを選択していても実行できます。

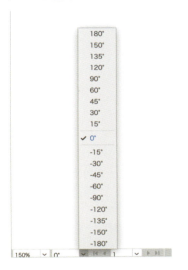

> トラックパッドでのフィンガーアクション（2本指で左右に回転）で任意の角度にカンバスを回転できます。

ベストな運用

次のように操作するのがベストです。

1. [shift] + [ ] で［回転ビューツール］に切り替え（一時的）
2. ドラッグで回転
3. スペースバーだけ離し、[shift] のみでドラッグ（15°ずつ制限）
4. [shift] を離すと元のツールに戻る
5. [esc] で回転をリセット

メニューから

［表示］メニューの［ビューを回転］のサブメニューから、カンバス回転角度を指定できます。

選択しているオブジェクトに合わせてビューを回転

［表示］メニューの［選択範囲に合わせてビューを回転］をクリックして、選択しているオブジェクトに合わせて回転できます。

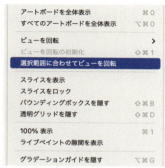

選択しているオブジェクトがひとつ、またはシンボルの場合に実行できます。
グループ化されたパスは対象外です。

ビュー回転時のテキスト入力と角度設定の注意点

- ビューを回転した状態でテキストを入力しても、ビューの回転状態は反映されない
- ［環境設定］の［一般］カテゴリで[**角度の制限**]を設定すると、その角度に応じてテキストが入力される。たとえば、ビューを90°回転している場合には「-90」(°) を設定
- ビューの回転をリセットしても、［角度の制限］はリセットされないので注意が必要

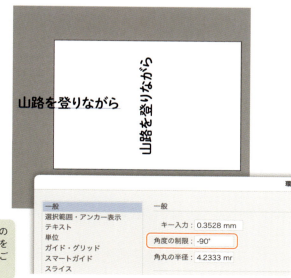

［角度の制限］は、開いているすべてのドキュメントに有効です。Illustratorを再起動してもクリアされませんのでご注意ください。

202

048 正確なデザインに不可欠なガイドを使い倒す

オブジェクトやテキストを正確に配置し、整列するための基準となるガイドは、Illustratorでの制作にかかせない存在です。

ガイドには「ルーラーガイド」と「オブジェクトガイド」がある

ガイドには2種類あります。

- **ルーラーガイド**：定規からドラッグして引き出したガイド
- **オブジェクトガイド**：オブジェクトをガイド化したもの

ガイドはロックして使う

意図せずガイドが動いてしまうと困りますが、デフォルトではロックされていません。[表示]メニューの[ガイド]→[ガイドをロック]をクリックしてガイドをロックしておきましょう。すべてのガイドがロックされ、それ以降、ほかのドキュメントでもロックされます。

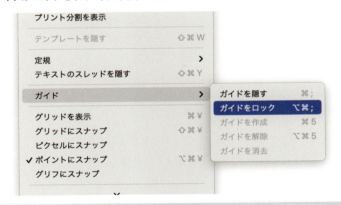

ガイドをロックしていない場合、ガイドを option (Alt)+ドラッグして複製できます（ルーラーガイド、オブジェクトガイドともに）。

オブジェクトガイド

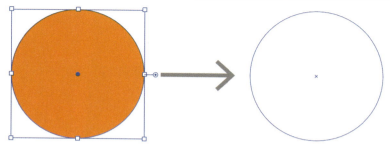

オブジェクトを選択し[表示]メニューの[ガイド]→[ガイドを作成]をクリックすると、オブジェクトガイドが作成されます。キーボードショートカットは⌘+5(Ctrl+5)。

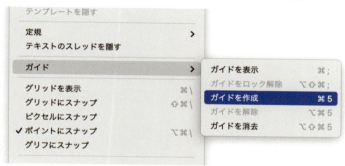

ルーラーガイド

縦横の切り替え

上部の定規からドラッグすると水平のルーラーガイドが作成されます。

定規からドラッグするとき、option(Alt)を併用すると垂直のルーラーガイドになります。

左の定規からのドラッグも同様で、option(Alt)の併用で逆になります。

ダブルクリックでガイドを挿入

上部の定規でダブルクリックすると垂直のガイドが挿入（=作成）されます。

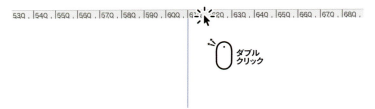

左の定規でダブルクリックすると水平のガイドが作成されます。

水平・垂直のガイドを同時に引く

定規の交差点から⌘（Ctrl）+ドラッグすると、水平・垂直のガイドが2本同時に引かれます。

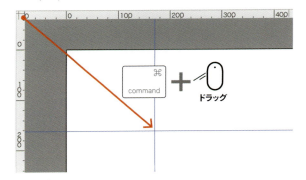

- ⌘（Ctrl）を併用せずに定規の交差点からドラッグすると、定規の原点（0, 0）が変更される
- 原点（0, 0）をリセットしたいときには、交差点でダブルクリックする

ガイドのカラー、スタイル（直線、点線）を変更したい場合には環境設定の［ガイド・グリッド］で設定します。デフォルトは「カラー：ライトブルー、スタイル：ライン（直線）」です。すべてのレイヤーのガイドが対象です。

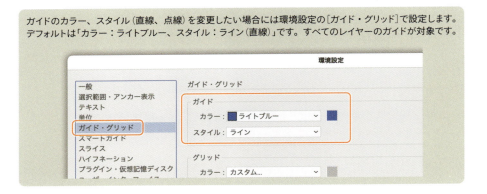

ルーラーガイドを目盛にスナップさせる

定規からドラッグするときに shift を併用すると、定規の目盛にスナップ（＝端数が出ないように吸着）します。

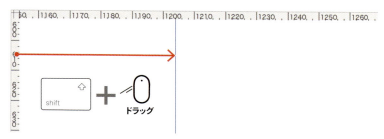

「shift の併用で目盛にスナップ」は次の場合にも使えます。

- option（Alt）で使って水平・垂直を逆にする場合
- ダブルクリックでガイドを作成する場合

値の確認

定規を引くときには見えませんが、ガイドを引いた直後［情報］パネルで値を確認できます。ガイドをロックしているときには［変形］パネルでは確認できません。

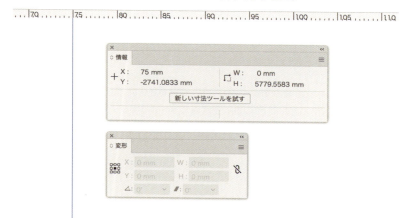

キャンセル

定規からドラッグしてルーラーガイドを引きはじめたけど、「やっぱり、やめておこう！」と思うことがあります。esc でキャンセルします。

ガイドの表示/非表示

すべてのレイヤーのガイドは、⌘+ ; (Ctrl+ ;)のキーボードショートカットでまとめて表示/非表示を行います。

ガイドはレイヤーに依存する

〈ルーラーガイド〉と〈オブジェクトガイド〉は、レイヤー内にオブジェクトのように存在します。

たとえば「マージンガイド」レイヤーにあるガイドは、「マージンガイド」レイヤーを非表示にすると、ガイドも非表示になります。

ドキュメントのマージンを示すガイドと、個別のオブジェクトの作業の際のガイドを切り分けて使うことが可能です。

すべてのガイドを削除

［表示］メニューの［ガイド］→［ガイドを消去］をクリックすると、すべてのガイドが削除されます。ロックされているガイド、非表示のガイドも対象です。

デフォルトでは［ガイドを消去］にキーボードショートカットは設定されていません。

ガイドの解除

［表示］メニューの［ガイド］→［ガイドを解除］を実行するとガイドが解除されます。
ガイドの種類によって、その結果が異なります。

ガイドの種類	挙動
ルーラーガイド	カラーや線幅のない罫線になる
オブジェクトガイド	ガイドにする前の〈塗り〉や〈線〉のカラー、線幅などの情報が**復活**する

ロックしたままガイドを解除する

［表示］メニューの［ガイド］→［ガイドを解除］は、ガイドのロックがOFFで、ガイドを選択したときにしか実行できません。しかし、**ガイドはロックしたまま運用すべき**です。

ガイドをロックしたまま、ガイドを解除するには、⌘＋shift＋ダブルクリック（Ctrl＋Shift＋ダブルクリック）します。

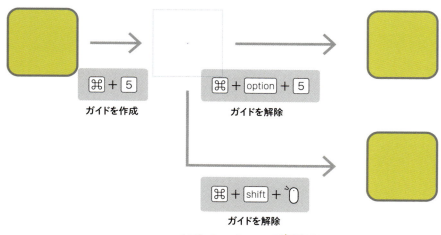

ガイドをロックしていても実行できる

ルーラーガイド、オブジェクトガイドいずれにも実行できます。

定規の単位変更

定規の上で右クリックして表示されるポップアップメニューから単位を変更できます。

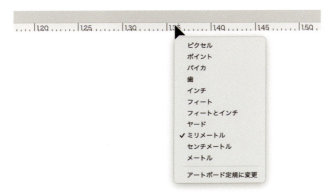

単位変更に関するキーボードショートカットを覚えておきましょう。

	🍎	🪟
単位を順番に変更	option + ⌘ + shift + U	Alt + Ctrl + Shift + U
環境設定の[単位]カテゴリを開く	⌘ + shift + U	Ctrl + Shift + U

キーボードショートカット

ガイド関連のデフォルトのキーボードショートカットです。

	🍎	🪟
ガイドを隠す	⌘ + ;	Ctrl + ;
ガイドをロック解除	option + ⌘ + ;	Alt + Ctrl + ;
ガイドを作成	⌘ + 5	Ctrl + 5
ガイドを解除	option + ⌘ + 5	Alt + Ctrl + 5
ガイドを消去	なし	なし

Windows環境では「Ctrl + :」、「Alt + Ctrl + :」と記載されていますが、[け(:)]でなく[れ(;)]でないと動作しないようです。

〈グリッドに分割〉を使ってガイドを作成する

次のようなガイドを作成する際、グリッドに分割を利用するとスピーディです。

1. アートボードサイズの長方形を作成する

> Illustratorにはデフォルトでアートボードサイズの長方形を作成する機能はありませんので、スクリプトを利用するのがオススメです。

2. ［グリッドに分割］ダイアログボックスを開き、列数（や行数）を設定
3. ［ガイドを追加］オプションをONにして［OK］をクリック

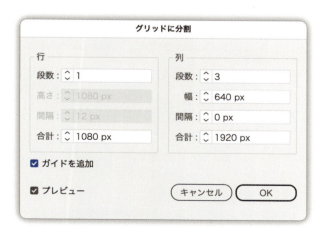

4. ［ガイドを追加］という文言だが、実際には「グリーン、0.2pt」の〈線〉が引かれる
5. ⌘＋5（Ctrl＋5）でガイドに変換

スナップ

ガイドのほかに、スナップ（吸着）できる機能をおさえておきましょう。

カテゴリ	種類	スナップする条件	備考
ガイド	ルーラーガイド	表示されているときのみ	
	オブジェクトガイド		
	スマートガイド	オブジェクトの作成、移動や変形時	
グリッド	遠近グリッド	遠近グリッドがONのとき	
	グリッド	［グリッドにスナップ］がONのとき	
	ピクセルグリッド	［ピクセルにスナップ］がONのとき	ピクセルプレビュー時
その他	グリフ	［グリフにスナップ］がONで、［文字］パネルの各オプションがONのとき	

スマートガイド

図形の描画時

［長方形ツール］や［楕円形ツール］でドラッグするとき、45°に表示されるガイドを利用して、正方形／正円にできます。

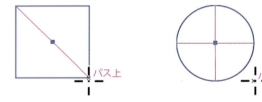

オブジェクトの寸法表示

オブジェクトの幅や高さを変更する際に、その寸法がリアルタイムで表示されます。

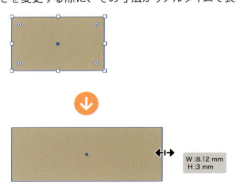

スナップ

パスや図形を描くとき、アンカーポイントや図形の中心にスナップできます。

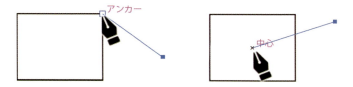

直線の延長

直線の先端のアンカーポイントをドラッグするとき、［線の延長］というガイドを使って、角度を正確に保持したまま伸ばせます。

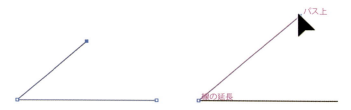

整列と配置の補助

オブジェクトを移動させるとき、他のオブジェクトとの位置関係を示すガイドが表示されます。これにより、簡単に中央揃えや等間隔配置が可能です。

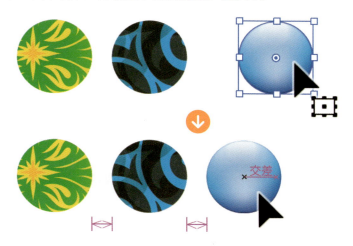

049 よく使う一連の操作はアクションに登録して、キーボードショートカットで実行

例えば、「〈塗り〉を白にして〈線〉をなしにする」という操作は頻繁に使いますが、メニューコマンドなどを使って毎回行うのは時間のロスです。繰り返し行う操作は、アクションに登録し、キーボードショートカットを設定しておくと効率的です。

アクションのアイデア

次の操作をアクションに登録しておくと重宝します。

- 〈塗り〉をスミ（黒）、〈線〉を「なし」にする
- 〈塗り〉を白、〈線〉を「なし」にする
- 〈塗り〉を「なし」、細罫（スミ、0.1mm）にする
- 塗り足しのために、各辺3mmずつ広げる
- 拡大（200％、110％、101％）
- 縮小（50％、90％、99％）
- 整列──水平（垂直）方向等間隔に分布
- 複合シェイプを作成／解除

アクションを実行するには、パネル下部の▶をクリック

> Illustratorはスクリプトで実行できないことが多く、その反面、アクションなら記録できることが多々あります。
> 効率化を検討する上で、「スクリプト」（222ページ参照）と同等に身につけていきましょう。

活用したいアクション：未使用のパネル項目を削除

「初期設定アクション」に用意されている「未使用のパネル項目を削除」は利用価値が高いアクションです。実行すると、次のパネルの未使用のパネル項目を一瞬で削除してくれます。

- シンボル
- グラフィックスタイル
- ブラシ
- スウォッチ

「初期設定アクション」を削除してしまった場合には、［アクション］パネルメニューの［初期設定に戻す］をクリックします。

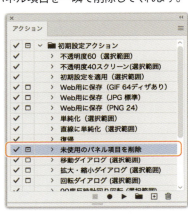

213

アクションの作成

アクションの登録は、次の手順で行います。

1. ［アクション］パネルの ⊞（［新規アクションを作成］ボタン）をクリック ❶

2. ［名前］（アクション名）を設定し、［記録］ボタンをクリック ❷

アクションは、必ず「セット」に入っている必要があります。「セット」なしで新しいアクションを作成すると、自動的にセットが追加されます。

3. 登録したい操作を実際に行い、■（［記録を中止］ボタン）をクリック ❸

アクションには、すべての操作を記録できるわけではありません。
たとえば、ツールバー下の塗り／線ボックスの ▱ を押しても、〈塗り〉や〈線〉を「なし」にする操作はアクションに記録されません。キーボードショートカット（⁄）は記録されます。

214

アクションの調整

アクションの調整

登録した手順は、後から順番を変更したり、不要な手順を削除できます。
〉をクリックすると、それぞれの操作の詳細が表示されます。

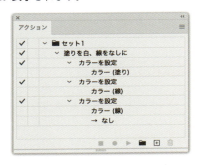

メニュー項目を挿入

メニューコマンドやパネルメニューのコマンドを実行してもアクションに登録できないことがあります。

その場合には［アクション］パネルメニューから［メニュー項目を挿入］をクリックします。

［メニュー項目を挿入］ダイアログボックスが開くので、次のいずれの操作を行うことで登録できることがあります。

- ［メニュー項目を挿入］ダイアログボックスが開いているときに、メニューコマンドを実行
- メニューコマンドを入力し、［検索］ボタンをクリックする

ダイアログボックスの表示の切り替え

たとえば「長方形を描画する」操作はアクションに登録できますが、常に登録した値が参照されます。

その都度、大きさを指定したい場合には［アクション］パネルでダイアログボックスの表示の切り替えをONにします。

アクションオプション

［アクション］パネルメニューから［アクションオプション］ダイアログボックスを開くと、次の設定を行えます。

- アクション名の変更
- セットの移動
- キーボードショートカットの設定
- カラー

> ［アクションオプション］ダイアログボックスは［アクション］パネルでアクション名をダブルクリックして開くこともできます。現在、アクション名はパネル上でインライン編集できますので、アクション名の余白部分をダブルクリックします。

キーボードショートカット

キーボードショートカットにはファンクションキー（F1 F2 F3 F4 F5 F6 F7 F8 F9 F10 F11 F12）、さらに⌘（Ctrl）、shiftの組み合わせで48種類設定できます。

> 現実問題としてメニューコマンドやOSで使われているため、空きスロットはほぼありません。

カラーとボタンモード

［アクション］パネルメニューの［ボタンモード］をクリックすると右のように**ボタンモード**に切り替わり、クリック操作だけでアクションを実行できます。その際、アクションオプションの［カラー］の設定が反映されます。

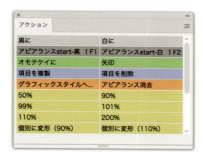

アクションのバックアップ

アクションの保存

登録したアクションは、［アクション］パネルのパネルメニューの［アクションの保存］をクリックして、ファイルとして書き出せます。

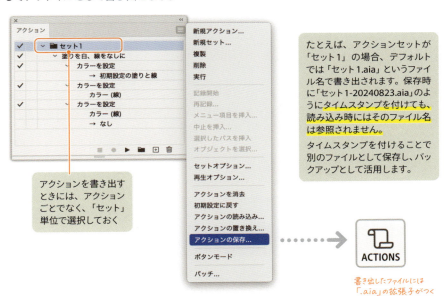

アクションを書き出すときには、アクションごとでなく、「セット」単位で選択しておく

たとえば、アクションセットが「セット1」の場合、デフォルトでは「セット1.aia」というファイル名で書き出されます。保存時に「セット1-20240823.aia」のようにタイムスタンプを付けても、読み込み時にはそのファイル名は参照されません。

タイムスタンプを付けることで別のファイルとして保存し、バックアップとして活用します。

書き出したファイルには「.aia」の拡張子がつく

アクションの読み込み

［アクション］パネルのパネルメニューから［アクションの読み込み］を使って読み込みます。

スクリプトを使っての読み込みにも対応していますので、複数のセットに分けて管理している場合には検討してみてください。

次のコードを変更し、JSXファイル化して実行します（231ページ参照）。

- File('~/Dropbox/ai/actions/sw.aia')をaiaファイルのパスに変更
- 「sw」をアクションファイルの名前に変更

```
var actionFile = File('~/Dropbox/ai/actions/sw.aia'); // アクションファイル
try {
    app.unloadAction('sw', ''); // アクションが存在する場合アンロード
} catch (e) {}
app.loadAction(actionFile); // ロード（読み込み）
```

QRコードを作成するには

050

Illustratorでは標準機能でQRコードを作成する機能はないため、プラグインやエクステンション、外部ツールを活用します（QRコードはデンソーウェーブの登録商標です）。

エクステンション「QR Code Maker Pro」

インストール

「QR Code Maker」というエクステンションが定番です。Creative Cloudデスクトップアプリケーションからインストールしましょう。

- ［Stockとマーケットプレイス］タブをクリック ❶
- 上部でプラグインを選択 ❷
- 「すべてのプラグイン」を選択 ❸
- アプリケーションから「Illustrator」を選択 ❹
- スクロールして「QR Code Maker Pro」を探し、［インストール］ボタン（または［入手］ボタン）をクリック ❺

> 上部の検索窓からのキーワード検索では探しにくいことがあります（2024年9月現在）。

218

「QR Code Maker Pro」の使い方

1. ［ウィンドウ］メニューの［エクステンション］→［QR Code Maker Pro］をクリックして起動
2. ［QR Code Maker Pro］パネルが開くので、URLなどを入れて［Create］ボタンをクリック

欠損率（どこまでQRコードがどの程度まで破損しても復元を可能にするかの設定）をECLevelで指定します。

Lレベル： 約7%
Mレベル： 約15%
Qレベル： 約25%
Hレベル： 約30%

3. 新規ドキュメントにQRコードが生成される
4. パスファインダー（合体）を実行して、アンカーポイントを減らしておく

QRコードの検証

生成したQRコードは、きちんと読み取れるかどうか検証が必要です。また、複数のQRコードがある場合、それぞれのリンク先が正しく機能しているかを管理する必要がありますが、このようなソリューションはほとんどなく、管理が手薄な状態です。

macOSでは、有償アプリのTextSniperの「Read QR/Bar Code」機能を使うと、QRコードをドラッグして読み取り、そのURLをクリップボードにコピーできます。

Adobe Expressのクイックアクション

Creative Cloudデスクトップアプリケーションで検索すると「QRコードジェネレーター」というAdobe Expressの**クイックアクション**が推奨されます。

ブラウザー上で操作してQRコードをダウンロードできますが、PNG（ビットマップ画像）です。

Illustratorで〈画像トレース〉を使ってベクター化

PNG（ビットマップ画像）は、Illustratorで〈画像トレース〉を使ってベクター化するとよいでしょう。その際、［プリセット］には「白黒のロゴ」を選択します。

印刷物に使用する場合、K100になっていることを確認してください。

Adobe Expressで生成したQRコードは余白が少ないので注意が必要です。QRコードが読み取りエラーにならないために「2mmから4mm、4セル分」の余白が必要です。

InDesignの［QRコードを生成］機能

InDesignには標準機能で［QRコードを生成］機能があります。

生成したQRコードをコピーし、Illustratorにベクターオブジェクトとしてペーストできます。

InDesign上で生成したQRコードにマウスオーバーするとURLが表示されます。

ウェブサービス「クルクルマネージャー」

QRコードの開発元であるデンソーウェーブが提供するウェブサービス「クルクルマネージャー」を使うと、サイズやマージンを設定してEPS形式にも保存できます。

https://m.qrqrq.com/

051 ワークフローに組み入れるための スクリプトの基本

スクリプトを使うと、どんないいことがあるの？

スクリプトを利用することで、次のようなメリットがあります。

- **Illustratorで可能だが「面倒なこと／時間がかかること」を省力化**できる
（→ オペレーションミスも減る）
- **そもそもIllustratorでは不可能なこと**を実現できる

※スクリプトを利用することでIllustratorの動作が重くなるようなことはありません。

スクリプトの使い方（1）その他のスクリプト

スクリプトを使って、改行ごとにテキストを分割してみましょう。

情に棹させば流される。¶　　　　　　　情に棹させば流される。#
智に働けば角が立つ。¶　　　　　　　　智に働けば角が立つ。#
どこへ越しても住みにくいと悟った時、¬　どこへ越しても住みにくいと悟った時、#
詩が生れて、画が出来る。¶　　　　　　詩が生れて、画が出来る。#
とかくに人の世は住みにくい。#　　　　とかくに人の世は住みにくい。#

1. **したたか企画**のサイトから「Split Rows for Illustrator.jsx」をダウンロードする
   https://sttk3.com/download/split-rows-for-ai
2. ［ファイル］メニューの［スクリプト］→［その他のスクリプト］でダウンロードしたスクリプトを選択

キーボードショートカットは、⌘+F12（Ctrl+F12）です。

お使いのIllustratorのバージョンによって、スクリプト実行にアラートが表示されることがあります。その場合には、以下のコンテンツを含むJSXファイルを作成して実行すると表示されなくなります。

`app.preferences.setBooleanPreference("ShowExternalJSXWarning", false);`

スクリプトの使い方（2） SPAi

「SPAi」（macOS専用のユーティリティ）を使うと、専用のパネルにスクリプトを登録して実行できます。

「スクリプト」フォルダーの指定

デフォルトはIllustratorの「スクリプト」フォルダーを参照します。SPAiのパネルメニューの［環境設定］をクリックし、登録フォルダーを指定しましょう。

SPAiには次のようなメリットがあります。
- 無料
- スクリプトファイルどのディレクトリにあっても登録できる
- キーボードショートカットの設定の自由度が高い

キーボードショートカットの設定

SPAiのパネルメニューの［ショートカット設定］をクリックしてダイアログボックスを表示し、それぞれのスクリプトにキーボードショートカットを設定します。

キーボードショートカット設定のダイアログボックスは、SPAiのパネルとは独立しています（連動していません）。キーボードショートカットを設定したいスクリプトファイルをダイアログボックスにドラッグ＆ドロップしてから設定します。

スクリプトの使い方（3） Keyboard Maestro

Keyboard Maestroを導入することで、Mac全体の操作をまるでIllustratorのアクションを登録して実行するように扱えるため、作業効率が格段に向上します。

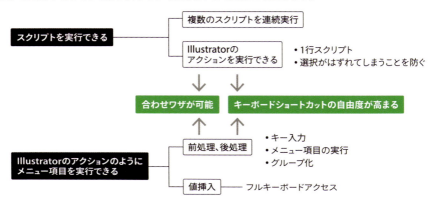

キーボードショートカットの枯渇問題

Illustratorでは、キーボードショートカットに次の図のピンクの部分しか利用できません。また、そのほとんどが埋まっている状況です。

	なし	⌘	⌘ shift	option	option shift	⌘ option	⌘ option shift
0-9	ツール	メニューコマンド				メニューコマンド	
A-Z							
F1-F12	アクション	メニューコマンド アクション					

Keyboard Maestroを活用することで、control をショートカットに利用できるようになり、キーボードショートカットの不足に悩まされることがなくなります。

4つ目の修飾キー

Mac環境では、4つ目の修飾キーとして control があり、キーボードショートカットに使うことでショートカットの自由度が飛躍的に高まります。PhotoshopやInDesignでは control がサポートされていますが、残念ながらIllustratorでは対応が予定されていません。

Windows環境の場合、AutoHotkeyでは ⊞ を修飾キーとして使えます。

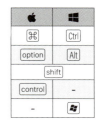

前後の手続き

次の操作を一連の「手続き」としてマクロにまとめ、1ストロークで実行できます。

- スクリプトを連続実行する
- スクリプトを実行する前にグループ化したり、テキスト編集を終了したりする
- スクリプト実行後にグループ解除する

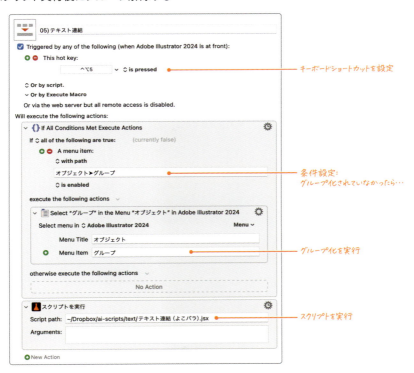

スクリプトの使い方（4） Sppyなど

Illustratorでスクリプトを実行できるユーティリティの一覧です。

	🍎	⊞	コスト	URL
Sppy for Ai		✓	無料	https://sppy.stars.ne.jp/sppyai
AutoHotkey		✓	無料	https://www.autohotkey.com
SPAi	✓		無料	https://tama-san.com/spai/
Keyboard Maestro	✓		$39.60	https://www.keyboardmaestro.com/main/
Hammerspoon	✓		無料	https://www.hammerspoon.org/
BetterTouchTool	✓		$12	https://folivora.ai/

活用したいスクリプト

選択したテキストの編集をダイアログボックス内で行う

Illustratorでの文字入力は、以下の理由からできるだけ避けたほうがよいでしょう。

- 動作が遅く、誤変換が起こりやすい
- 入力中にアプリが強制終了しやすい
- Windowsではインライン入力をオフにできるが、Macではそれができない

そのため、別途テキストエディタで入力し、コピー&ペーストするのが理想的です。Illustrator内で行う場合には、三階ラボさんのスクリプトの利用を推奨します。

ドキュメント上の文字サイズが小さいままでも編集できるメリットがあります。

	ダイアログボックスでの編集		連番	
	Edit Texts	MultiEdit Text	Add Texts	Make Numbers Sequence
ダイアログボックスでのテキスト編集	✓	✓		
一括編集		✓		
個別編集	✓	✓		
ソフトリターンのサポート		✓		
反転		✓		
見た目での順番		✓		
テキストの付加（前後）		✓	✓	
自動連番（数字）			✓	✓
自動連番（アルファベット）			✓	
Photoshop版		✓		

選択したアイテムをドキュメントウィンドウの中央に、画面いっぱいに表示する

環境設定の［選択範囲へズーム］がONになっていると、⌘（Ctrl）+ ⊟ または ⊞ のキーボードショートカットで選択しているオブジェクトを中心に画面がズームします。

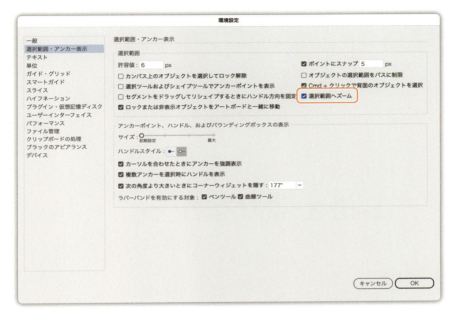

便利な機能ですが、オブジェクトを画面いっぱいに拡大したい場合には何度も操作しなければなりません。

ZoomAndCenterSelection

ZoomAndCenterSelection というスクリプトを使うと、選択したアイテムをドキュメントウィンドウの中央に、画面いっぱいに表示できます。

http://www.wundes.com/JS4AI/ZoomAndCenterSelection.js

  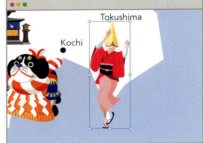

InDesignでは［**オブジェクト全体を表示**］、Photoshopでは［**画面にレイヤーを合わせる**］（レイヤーサムネールを option（Alt）+ クリック）という機能がありますが、Illustratorには標準機能として用意されていません。

書式を保持したまま、テキストの文字列のみを"さしかえペースト"

ペースト先のテキストのフォントやカラーなどを保持したままペーストするには［書式なしでペースト］を使うことで可能です。

ペースト先のテキストをすべてさしかえたい場合、すべてのテキストを選択する手間を省く"さしかえペースト"を可能にするスクリプトを使うと非常に軽快に進められます。

https://note.com/gorolib/n/n7ab38c9d504d

スクリプト関連でチェックしておきたいサイト/アカウント

IllustratorだけでなくPhotoshop、InDesignは、JavaScriptによって機能を拡張できます。世界中でたくさんのスクリプトが書かれていて、その多くは無料で提供されています。

スクリプトを自分で書けなくても問題ありませんが、少しずつ調整できるようになると便利です。

スクリプトの作者には敬意を払い、何度でも感謝の言葉を伝えましょう。広めるお手伝いも忘れずに。

有料スクリプトは、可能な限り購入して応援しましょう。

サイト	URL
三階ラボ	https://3fl.jp/d/is/
ONTHEHEAD	https://onthehead.com/
したたか企画	https://sttk3.com/
GOROLIB DESIGN - はやさはちから	https://gorolib.blog.jp/
0.5秒を積み上げろ	https://efficiencydesign.info/

アートボードを基準に長方形を作成する

Illustratorでアートボードと同じサイズの長方形を作成するのは、少し手間がかかります。「アートボードにスナップさせて描けばいいのでは?」と思うかもしれませんが、拡大すると微妙な誤差が発生することがあります。

特に「アートボードから20mm内側に長方形を作成したい」といった場合、一度長方形を作成してから、パスのオフセット機能を使う必要があります。

そこでスクリプトの出番です。アートボードを基準に長方形を作成するスクリプトを使えば、一瞬で正確にアートボードサイズの長方形を描けます。

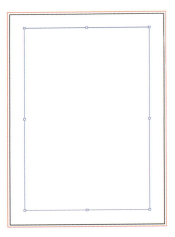

「Draw Rectangle by Artboard Size」スクリプトで表示されるダイアログボックスで「-20」と入力してから実行すると、アートボードサイズよりも20mm小さい長方形が作成されます。

スクリプト名	開発者	特徴
Draw Rectangle by Artboard Size	三階ラボ	・オフセットを設定できる ・その際、単位はドキュメント設定を読み取ってくれる ・**長方形は最背面に作成される** ・対象は選択しているアートボードのみ
Rectangles drawer by artboard size	ONTHEHEAD	・複数のアートボードがある場合、すべてのアートボードが対象 ・数値に「%」を追加して比率指定が可能
アートボードサイズの四角形をゼロ秒で作るスクリプト	GOROLIB DESIGN	・オプションはなし。長方形を描くだけ ・四角形は最前面に配置される(レイヤーのクリッピングマスクを使う場合にスムーズ)

https://3fl.jp/is041/
https://onthehead.com/ais/draw002/
https://gorolib.blog.jp/archives/53547822.html

052 ChatGPTにスクリプト作成を依頼する手順やコツ

スクリプト作成のテンプレート

ChatGPT（など）にIllustrator用のスクリプトを依頼するときのプロンプト例です。

Adobe Illustrator用のExtendScript開発を依頼します。
以下の要件に基づいたスクリプトの作成をお願いします。

 # スクリプトの目的：

 # スクリプトの機能要件：

 # 使用言語とバージョン：

- ExtendScript（ECMAScriptのバージョン3に基づくAdobe固有の拡張を含む）
- Adobe Illustrator 2024対応

 # 制約条件：

- ExtendScriptの仕様に準拠し、ECMAScriptのバージョン3の範囲内で動作すること
- Adobeの拡張機能を利用する場合は、
  Illustrator 2024でサポートされている機能に限定すること
- alert内のメッセージは日本語で
- //コメントは日本語で
- forEachメソッドはサポートされていないため、標準のforループを使用
- テンプレートリテラル（バッククォート `` ）はExtendScriptではサポートされていないので、
  文字列結合を使用してください
- startsWith メソッドはES6で導入されましたが、
  ExtendScript（Adobeのスクリプト言語）では利用できません。
- 変数名をわかりやすく。変数名を見ただけで内容が想像できるように。
  ただし、日本語ではなく、英数字にしてください。

読みやすさを考慮して見出しを太字にしていますが、プロンプトでは太字は使えません。

ChatGPTで生成したスクリプトをIllustratorで実行するまでの手順

ChatGPTで生成したスクリプトをIllustratorで実行するまでの詳細手順です。

スクリプトファイルの準備

まずはテキストファイルを用意し、拡張子を「.jsx」に変更します。

1. デスクトップにテキストファイルを作成する
2. ChatGPTでスクリプトを生成し、［コピーする］をクリック

```javascript
// スクリプトの目的:
// アウトライン化されたパスに付属するメモの情報からテキストに戻す

// メモから「文字列:」「フォント:」「フォントサイズ:」「行送り:」に続く行を抽出する関数
function extractTextFontSizeAndLeading(noteText) {
    var lines = noteText.split("\n");
    var text = null, font = null, fontSize = null, leading = null;

    for (var i = 0; i < lines.length; i++) {
        if (lines[i].indexOf("文字列:") === 0 && i + 1 < lines.length) {
            text = lines[i + 1];
```

指定されたフォントの設定をスクリプトに統合しました。以下は修正版のスクリプトです。

3. テキストファイルにペースト
4. テキストファイルの拡張子を「.jsx」に変更する

スクリプトの実行

スクリプトが動くかを検証します。

1. Illustratorの［ファイル］メニューの［スクリプト］→［その他のスクリプト］をクリック
2. デスクトップのJSXファイルを選択
3. ［開く］ボタンをクリックしてスクリプトを実行する

［その他のスクリプト］コマンドを実行するキーボードショートカットは ⌘ + F12 （ Ctrl + F12 ）です。

スクリプトをファイル化したときの名前

スクリプトがきちんと動く場合、ファイル名の候補も提案してもらいましょう。

このスクリプトにつけるファイル名を5つ提案してください。
- スペースは入れない
- 英数字のみ

1. 出力された候補から選択し、デスクトップのJSXファイルのファイル名を変更する
2. JSXファイルをドライブ内の所定の場所に移動する

エラーが起きたとき

スクリプトが期待どおりに動かない場合には、エラーメッセージをChatGPTに伝えます。

1. エラーメッセージをスクショする
2. ChatGPTで「次のエラーが出ました。」と入力し、スクショしたファイルを添付する

3. 生成されたスクリプトをコピーし、デスクトップのJSXファイルを置換する
4. Illustratorでスクリプトを実行して試す

Quick Lookでテキストを取得する

スクショを添付できないときには、Finderでスクショしたファイルを Quick Lookで開き、エラーメッセージをコピーします。

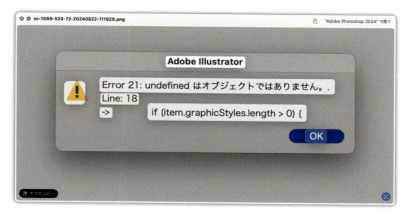

右下のアイコンをクリックして[テキスト認識表示]をONにします。

053 スクリプトファイルの管理のコツ

JSXファイルの置き場所

スクリプトファイルは、Dropbox（やGoogleドライブ）内に「ai-script」のようなフォルダーを作成し、その中に入れておきます。

スクリプトが増えてくることを想定し、あらかじめ「scale」（拡大・縮小）や「path」（パス）のようにカテゴリごとにフォルダーを分けておくとよいでしょう。

~/Dropbox　　ai-script　　scale　　MaxWidth.jsx

サンプルスクリプト

［ファイル］メニューの［スクリプト］には、サンプルスクリプトが用意されています。

これらは「/Applications/Adobe Illustrator 2024/Presets.localized/ja_JP/スクリプト」を参照しており、管理しているスクリプトのエイリアス（ショートカット）を追加することで利用できます。

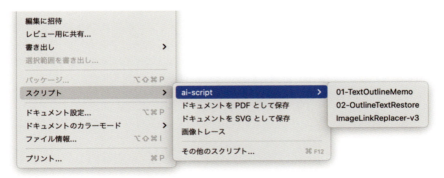

次の理由から、「スクリプト」フォルダーでの運用は推奨しません。

- Illustratorのメジャーアップデート時に再設定が必要になる
- アプリの再インストール時に、設定が消えてしまうことがある
- macOS環境では、このディレクトリへのアクセスが年々厳しくなり、スクリプトの出し入れ時に認証が必要で手間が増える

054 アンカーポイントを減らすには

選択したオブジェクトのアンカーポイントの数を調べる

［ドキュメント情報］パネルを開き、パネルメニューから［オブジェクト］を選択すると、選択したオブジェクトのアンカーポイントの数を調べられます。

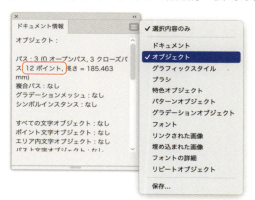

［ドキュメント情報］パネルは、［ウィンドウ］メニューの［ドキュメント情報］をクリックして開きます。

パスファインダー実行時の［余分なポイントを削除］

パスファインダー（合体）などを実行すると、明らかに不要なアンカーポイントが残ってしまいます。［パスファインダー］パネルメニューから［パスファインダーオプション］ダイアログボックスを開き、[**余分なポイントを削除**]**オプションをONにしておくと、このポイントが自動的に削除されます。**ただし、水平・垂直の直線のみ。斜線上のアンカーポイントは非対象です。

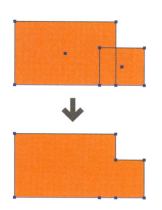

過去のバージョンでは、Illustratorを再起動するとパスファインダーオプションがクリアされてしまいましたが、現在は記憶されるようになっています。

単純化とスムーズ

［オブジェクト］メニューの［パス］には［単純化］と［スムーズ］というコマンドがあります。〈単純化〉は主にアンカーポイントの削減に、〈スムーズ〉は形状そのものを滑らかにするのに重点を置いています。

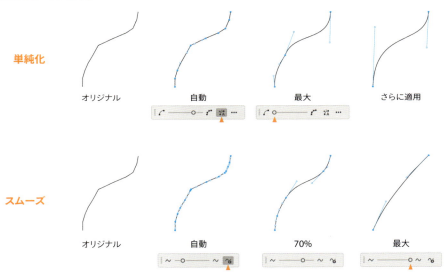

［単純化］は、［…］ボタンをクリックして詳細ダイアログボックスに展開できます。［変更前のパスを表示］オプションをONにして見比べながら調整するとよいでしょう。

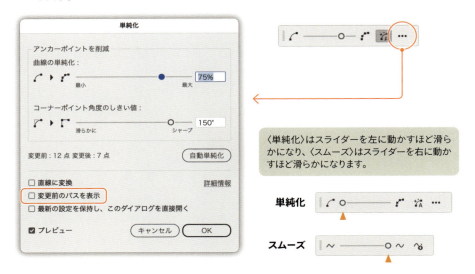

〈単純化〉はスライダーを左に動かすほど滑らかになり、〈スムーズ〉はスライダーを右に動かすほど滑らかになります。

パスファインダーの[合流]

ロゴやイラストなどは納品時に仕上げ処理が必要です。

- すべての〈線〉は〈塗り〉に変換する
- オブジェクトの重なり部分を削除する

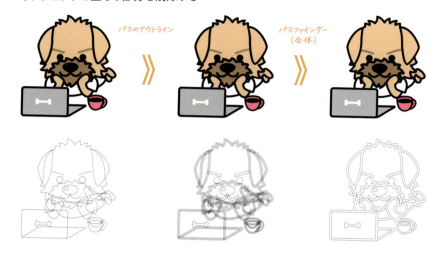

手順

1. [オブジェクト]メニューの[パス]→[パスのアウトライン]（〈線〉を〈塗り〉に変換）
2. パスファインダーの[合流]

パスファインダーの[合流]のしくみ

パスファインダーの[合流]を実行すると、重なっている部分が削除され、隣り合うオブジェクトが同じ〈塗り属性〉を持っている場合、それらは合体します。

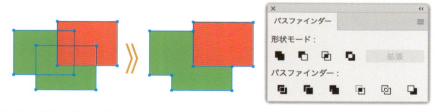

ただし、**〈線〉が適用されている場合、〈線〉は消失**してしまいます。〈線〉を使用したアートワークの場合には、パスファインダーの[合流]を実行する前に、[パスのアウトライン]で〈線〉を〈塗り〉に変換します。

トラブルを起こさない
データ配置のポイント

6

055 埋め込みとリンク、どう使い分ければいいか

Illustratorの制作フローでは、ベクターオブジェクトだけでなく、ビットマップ画像を配置しながら進める場合もあります。

画像の配置

Illustratorドキュメントにファイルを配置する際には、［配置］コマンドを使用します。

［配置］ダイアログボックスの［オプション］で［リンク］にチェックが入っていると**リンク**として配置され、チェックがOFFの場合には**埋め込み**として配置されます。

Finderからのドラッグ＆ドロップ

Macユーザーは、FinderからIllustratorにドラッグ＆ドロップで素早くファイルを配置できます。通常はリンクとして配置されますが、[shift]を押すか[caps lock]がONの場合は埋め込みになります。ただし、[**配置**]**コマンドとカラープロファイルの扱いが異なるため、シビアな作業では避けましょう**。

読み込みオプション

IllustratorやPDFを配置するときに表示されるダイアログボックスで配置結果を指定します。

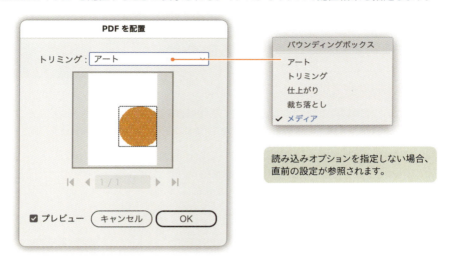

読み込みオプションを指定しない場合、直前の設定が参照されます。

オプション	対象	用途
❶ バウンディングボックス	.aiファイル	アートワークのみを配置（裁ち落とし領域を含む）
❷ アート	.aiファイル	アートワークのみを配置（裁ち落とし領域は含まない）
❸ トリミング		（メディアと同様）
❹ 仕上がり		裁ち落としを含まずに配置
❺ 裁ち落とし	PDFファイル	裁ち落としを含めて配置
❻ メディア		トンボや裁ち落としを含めて配置

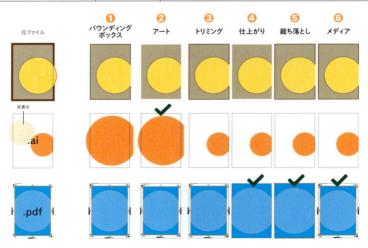

配置時のドラッグ

画像を配置する際、画像の番号とサムネールが表示されます。クリック、またはドラッグ操作で大きさを指定しながら配置できます。

複数画像を配置する場合、▲▼で次に配置したい画像を選択できます。

オブジェクト内への配置

Illustratorの標準機能では、オブジェクト内に直接画像を配置することはできませんが、〈内側描画〉機能とドラッグ操作を組み合わせることで「ここに配置する」を実現できます。

1. 配置したいオブジェクトを選択して shift + D を2回押す ❶
2. 画像をドラッグ配置し、大きさや位置を調整 ❷
3. 余白でダブルクリック ❸ ※ esc は使えません

オブジェクトの四隅に
カギ括弧状の
破線が表示される
（内側描画モード）

カギ括弧状の
破線は消える

［レイヤー］パネルで確認すると、**クリップグループ**になっていることがわかります。

〈内側描画〉はツールバー下部のアイコンでも切り換えられます。

埋め込みとリンクの使い分け

リンク配置を用い、**パッケージ（＝リンク画像の収集）**を行いましょう（293ページ参照）。

リンクの利点・欠点

リンクの最大の利点は、Illustratorの**ファイルサイズが軽い**ことです。Illustratorドキュメントのファイルサイズが大きくなりにくいため、保存の時間も短縮できます。さらに、同じ画像を複数リンクしている場合でも、ひとつ分の容量で済むため、効率的です。

その一方で、リンクの場合はリンク切れや添付忘れが課題です。これらの問題は、リンクファイルをaiファイルと同じ場所に置いたり、パッケージ機能を活用することで解決できます。

リンクファイルの修正

修正が必要な場合には、リンクされた画像を option （Alt）＋ダブルクリックでPhotoshopを開きます。編集して保存すれば、その変更がすぐに反映されます。

「オリジナルの編集」にシステムデフォルトを使用

リンクされたファイルを編集する際、OSで関連付けられたアプリで開くには環境設定の［ファイル管理］カテゴリで［「オリジナルの編集」にシステムデフォルトを使用］オプションをONにしてください。

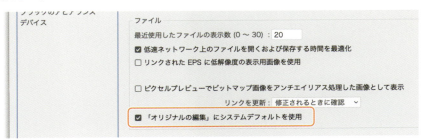

埋め込みの利点・欠点

Illustratorドキュメントを入稿したり他の人に渡す際、リンク画像を添付しないと「リンク切れ」が発生しますが、画像を埋め込んでおけばこの問題を回避できます。

ただし、次のようなデメリットも把握しておきましょう。

- 画像を埋め込むことで、Illustratorファイルのサイズが大きくなり、保存に時間がかかる
- 埋め込み時に画像のカラーモードがドキュメントのカラーモードに変換され、埋め込みを解除しても復活しない
- PSDファイルを埋め込む際に、毎回［Photoshop読み込みオプション］ダイアログボックスが表示される。［レイヤーをオブジェクトに変換］オプションを選択すると、画像の大きさが変わったり、座標がずれてしまうことがある（［複数のレイヤーをひとつの画像に統合］オプションを選択すればよい）

埋め込み

リンク配置した画像を後から埋め込むには、次の方法があります。

- 画像を選択し、［リンク］パネルメニューの［画像を埋め込み］をクリック

- Illustratorドキュメントを保存時、［Illustratorオプション］ダイアログボックスで［リンクファイルを埋め込む］オプションをONにする

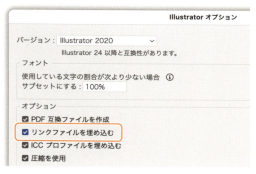

アイコンの変更

従来は「埋め込み：アイコンあり、リンク：アイコンなし」でしたが、現在、逆になっています。リンクファイルのステータスによって3つのアイコンが表示されます。

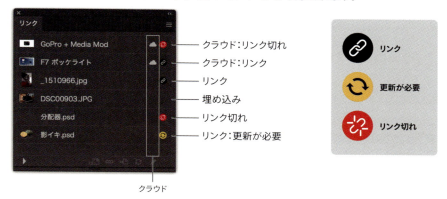

埋め込み解除

埋め込まれた画像をリンクに戻すには、[リンク]パネルメニューの[埋め込みを解除]をクリックします。

[埋め込みを解除]ダイアログボックスで次を設定します。

- ファイル名
- 保存場所
- ファイル形式（「PSD」「TIFF」）

複数画像の埋め込み解除

複数のファイルをまとめて埋め込み解除する際には、[このフォルダーに対して選択したすべての画像の埋め込みを解除]オプションに注意してください。

- **ON**：表示されているファイル名に基づき、「kitazawa1」「kitazawa2」…のように連番で設定。保存場所とファイル形式は統一される
- **OFF**：ファイル名、保存場所、ファイル形式を個別に指定できる

243

次世代のファイル形式のサポート状況

デジタルコンテンツの作成・配信に効率的な圧縮と高画質を実現する新しい画像形式が次々と生まれています。Illustratorでも WebP、heic/heif、avif などの次世代の形式に対応しはじめています。

- 現時点では、[開く]と[配置]コマンドのみに対応
- WebPのみ、[書き出し]が可能

ファイル形式	WebP	高効率画像	AV1 画像
拡張子	webp	heic/heif	avif
開く	✓	✓	✓
配置	✓	✓	✓
保存			
書き出し	✓		
Web用に保存			
スクリーン用に書き出し			

なお、Illustratorドキュメントに配置後、〈埋め込み〉を行ったり、〈埋め込み解除〉でPSD/TIFF画像として書き出せます。

ファイル形式の特徴

それぞれの画像フォーマットの特徴です。

ファイル形式	特徴
WebP ウェッピー	Googleが開発した画像フォーマットで高い圧縮効率が特徴。JPEGやPNGより小さいファイルサイズで、ロスレスとロッシー圧縮の両方に対応。アニメーションや透明部分もサポート。
HEIC ヘイク	HEVC（High Efficiency Video Coding）を使った画像形式で、主にAppleのデバイスで使用。JPEGより高圧縮で、画質を保ちながらファイルサイズを削減できる。
HEIF ヘイフ	HEVCを基にした画像フォーマットで、HEICの親形式。複数の画像やメタデータを効率的に保存可能。JPEGより高画質で、Apple製品で広く採用。
AVIF エーブイアイエフ	AV1コーデックを使った画像形式。AV1 Image File Formatの略。圧縮効率が非常に高く、WebPやJPEGよりも小さいファイルサイズで保存可能。HDRや透明部分にも対応。Alliance for Open Mediaによって開発され、オープンソースでロイヤリティフリー。

056 Illustratorでのリンクの仕組みとリンク切れの解決法

リンク切れ発生時のIllustratorの挙動

Illustratorはリンク切れが発生すると、次の順序でリンクを解決しようとします。

1. オリジナルのリンクファイルを探す
2. 同じ階層を探す
3. 同じ階層の「Links」フォルダー内を探す

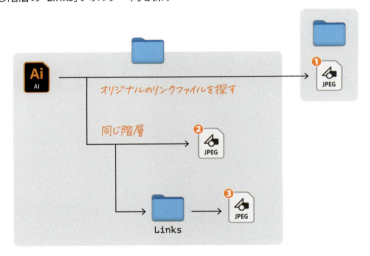

特別な「Links」フォルダー

「Links」フォルダーはパッケージを行う際に作成されます。そのため、同じ階層にある「Links」フォルダーを特別なフォルダーとして認識します。

ファイルの"すり替わり"に注意

Illustratorのリンクは、ファイルのパスとファイル名しか見ていません。
中身や解像度、タイムスタンプ（作成日、最終更新日）などは確認しないため、同じ名前の異なるファイルを誤ってリンクしてしまうリスクがあります。
これを防ぐためには、面倒でも意味のある**一意のファイル名**を設定し、可能な限り.aiファイルと同じ階層にリンクファイルを置いておくことが無難です。

複数のリンク切れの解決

複数のリンク切れが発生する場合、その多くは同じ階層にあるファイルにリンクしていることが多いです。このため、ひとつのファイルにリンクを再指定することで、他のリンク切れも自動的に解消されます。

1. ［リンク］パネルでリンク切れしているファイルを選択し、パネルメニューの［情報をコピー］→［（ファイル名）をコピー］をクリック（クリップボードにファイル名が入る）

2. ［リンク］パネルの ∞（リンクを再設定）ボタンをクリック

3. ダイアログボックスが表示されたら、右上の検索窓にファイル名をペースト ❶
4. 該当ファイルを探す ❷
5. ダイアログボックス下部の［このフォルダー内の見つからないリンクを検索］オプションをON ❸ にして［配置］ボタンをクリック ❹

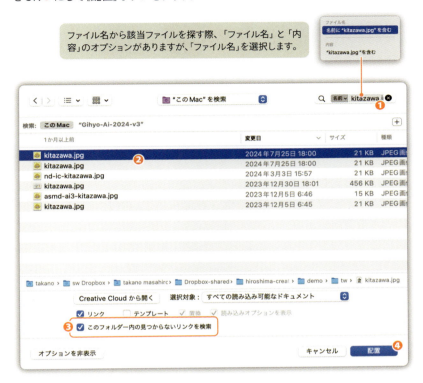

6. 指定したファイルと同じ階層のファイルのリンクがすべて修復される

検索で見つかりにくい場合

リンクが正常な場合、[リンク]パネル下部の[リンク情報]セクションにある[ファイルの位置]で、リンクされているファイルの場所を確認できます。しかし、リンク切れが発生している場合は、この[ファイルの位置]が空白になってしまいます。

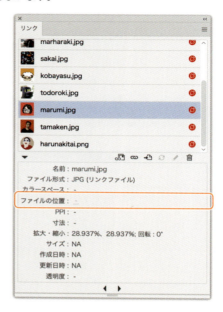

[ファイル]メニューの[ファイル情報]をクリックし、[Rawデータ]カテゴリに切り換えます。検索窓にファイル名を入力すると、オリジナルのパスを確認できます。

`<stRef:filePath>/Users/takano/………/tw/marumi.jpg</stRef:filePath>`

057 配置した画像を効率的に調整するには

〈クリッピングマスク〉と〈画像の切り抜き〉について解説します。

クリッピングマスク

Illustratorのクリッピングマスクは、オブジェクトやグループの一部を隠し、指定された形状内にのみ表示させる機能です。クリッピングマスクは、複雑なデザインや部分的にオブジェクトを隠すときに非常に便利です。例えば、テキストや画像を特定の形状（円や四角など）の中に収める際に使用します。

1. マスクとして使いたい形状と、それに含めたいオブジェクトを準備する（マスクとして使うオブジェクトは、最前面に配置）
2. マスクしたいオブジェクトと、クリッピングパスとして使いたいオブジェクトを両方選択
3. ［オブジェクト］メニューの［クリッピングマスク］→［作成］をクリック

キーボードショートカットは ⌘ + 7 （Ctrl + 7）

クリッピングパス内にオブジェクトが表示され、それ以外は隠されます。

- 前面のパスオブジェクトの〈塗り〉や〈線〉の情報は消失する
- パスオブジェクトとオブジェクトはグループ化される（**クリップグループ**）
- マスクされるオブジェクトが別レイヤーの場合、同じレイヤーに移動

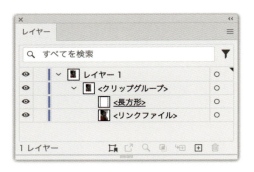

> **クリッピングマスク（スピーディ版）**

配置画像を選択し、⌘+7（Ctrl+7）でパスオブジェクトを描く手間をスキップできます。

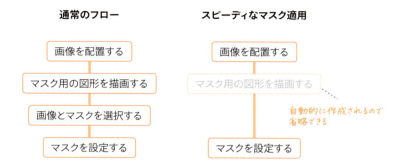

この方法でマスク設定を行うと、クリッピングパスのみが選択された状態になります。そのままバウンディングボックスを調整して、表示したい領域を簡単に調整できます。

これにより、通常のフローで生じる、"表示させたいところが隠れてしまう"問題を回避できます。

長方形でマスクを設定したい場合、この方法は非常にスピーディです。 ただし、いったん選択を解除して再度選択すると、クリップグループ（グループ化されたパスオブジェクトとクリッピングされたオブジェクト）が選択されるため注意が必要です。また、shiftを押さずにリサイズすると、縦横比が保持されないので気を付けましょう。

〈画像の切り抜き〉を使って、Illustrator内でダウンサイズする

Illustratorドキュメントに必要以上に大きな画像を配置していると、リンク配置であっても保存や出力に時間がかかってしまいます。この問題を解決するには、Photoshopで画像サイズを適切に修正して再配置するのがセオリーです。

簡易的な解決策として、Illustrator内で［画像の切り抜き］機能を使って直接ダウンサイズしてファイルの軽量化を図れます。

1. 画像を選択し、［リンク］パネルオプションを確認する

- **PPI**：Illustrator上での解像度
- **寸法**：画像のピクセル数

2. ［プロパティ］パネルの［画像の切り抜き］ボタンをクリック

〈画像の切り抜き〉はクリップグループに対して実行できません。また、リンク画像の場合には画像が埋め込まれます。

251

3. 切り抜き範囲を指定

〈画像の切り抜き〉機能は、マスク機能とは異なり、文字通り画像の必要な領域のみを切り抜きます。この際、切り抜かれた部分は完全に削除され、復元できません。切り抜き後に不要部分が必要になった場合は、元のファイルを再配置する必要があります。

4. ［プロパティ］パネルの［PPI］で解像度を指定

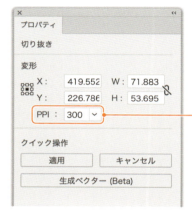

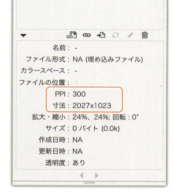

5. 切り抜きが完了

> 使い分け

印刷向けでは、画像をリンクのまま使用する方が、Illustratorファイルが軽くなり、修正にも柔軟に対応できるため、好ましい選択です。

一方、〈画像の切り抜き〉機能は手軽で便利ですが、シャープネスなどの詳細な調整ができません。そのため、印刷用途のような高精度が求められないウェブやビジネス用途に限定して使うとよいでしょう。

アートボードの変更点と
使いこなしのテクニック

7

058 アートボードとカンバスの基本と変更点

アートボードとカンバスの関係

アートボード、カンバス、ドキュメントは次のような関係です。

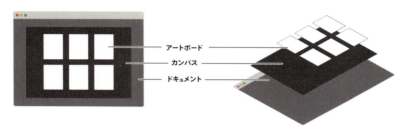

アートボードの数（および大きさ）は**カンバス内で可能な限り**という制限がついています。

たとえば、アートボードがひとつの場合には60平方メートルの大きさで作成できますが、その大きさで作成すると、その隣にはアートボードは作成できません。

アートボード数の上限、一辺の最大値

Illustrator CS4で導入されたときのアートボードの上限は100。一辺の最大値はおよそ6メートルでした。CC 2018（2017年）にアートボード数の上限が1,000に変更、Illustrator 2020（2020年）にアートボードの1辺の最大値が10倍のおよそ60メートル（57795.5833mm＝2270インチ）になりました。

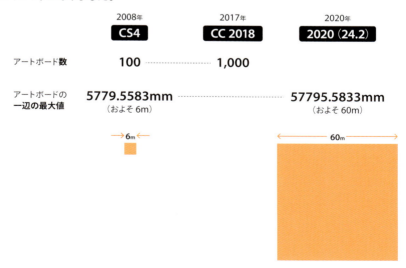

059 トリミング表示とプレゼンテーションモードを使いこなす

アートボード内のみを表示するトリミング表示

アートボードの外にはみ出しているオブジェクトがある場合、［表示］メニューの［トリミング表示］をクリックすれば非表示になります。ガイドも非表示になります。

キーボードショートカット

デフォルトでは、キーボードショートカットが設定されていないので、設定しておきましょう。

トリミング表示が有効なとき

トリミング表示のポイントは「仕上がりサイズ＝アートボードサイズ」で制作することです。大きい紙に用紙とトンボを描き込むやり方では、トリミング表示のメリットは享受できません。

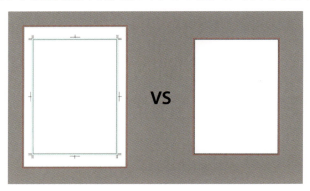

プレゼンテーションモード

「プレゼンテーションモード」に切り替えると、Illustratorのメニューやパネルなどのインターフェイスがすべて消え、現在のアートボード内のみが表示されます。

- 背景は黒のみ（変更できない）
- ガイドは非表示になる
- トランジション（スライド切り替えのアニメーション機能）はない

Illustratorのアートワークを手軽にプレゼンテーションする際に最適な機能です。

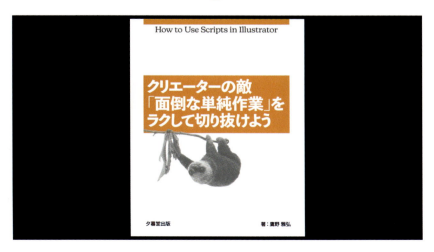

プレゼンテーションモード ON/OFF のキーボードショートカット

- [shift] + [F] でプレゼンテーションモード ON
- [esc] でプレゼンテーションモード OFF

ツールバーの下から2番目、2つのウィンドウアイコンをクリックして表示されるポップアップから切り替えることもできる。

[表示]メニューの[プレゼンテーションモード]にキーボードショートカットを設定することもできます。

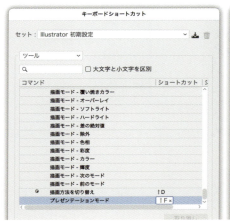
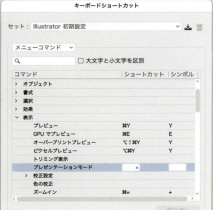

プレゼンテーションモード時のアートボード切り替え

プレゼンテーションモード時にアートボードを切り替えたいときには矢印キーを使います。

切り換え	（Mac）	（Windows）
次のアートボードへ	[▼]/[▶]	[▼]/[▶]
前のアートボードへ	[▲]/[◀]	[▲]/[◀]
先頭のアートボードへ	[⌘]+[▲]/[◀]	[Ctrl]+[▲]/[◀]
最終のアートボードへ	[⌘]+[▼]/[◀]	[Ctrl]+[▼]/[◀]

060 アートボードの制約を受けずに広く使う

新規ドキュメントを開いたとき、設定したアートボードの領域のみが白くなっています。ロゴのアイデア出しなどを行うときは、アートボードの制約を受けずにウィンドウいっぱいを使えるように設定しましょう。

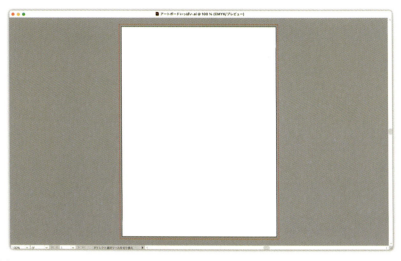

判型内にレイアウトする必要がないパーツなどの作成時、アートボードの制約を受けずに広く使うためには、次の3点を調整します。

- アートボードの枠（黒い線とドロップシャドウ）
- カンバスカラー（アートボード外の色）
- 裁ち落としの赤い枠

1. ［表示］メニューの［アートボードを隠す］をクリック

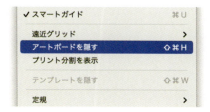

キーボードショートカットは
⌘(Ctrl) + shift + H (H=Hide)

アートボードを示す枠が消え、カンバス（背景も）白くなります。しかし、裁ち落としの赤いガイドが残ってしまいます。

2. ［ドキュメント設定］ダイアログボックス（［ファイル］メニューの［ドキュメント設定］）を開き、［裁ち落とし］の値を「0」に設定する

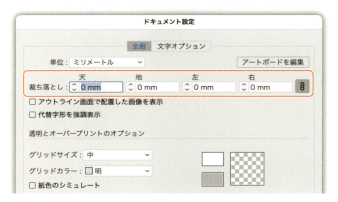

文字通り「真っ白なキャンバス」になります。

- ［ガイドを隠す］を実行しても、裁ち落としの赤い枠は消えますが、それ以外のガイドもすべて消えてしまいますので得策とは言えません。
- 環境設定の［カンバスカラー］を「ホワイト」にすることでアートボード外を白くできますが、アートボードの枠が残ってしまいます。

061 アートボードで
ストレスなく作業するポイント

ビデオ定規：どのアートボードで作業しているかを視覚的に確認できる

複数のアートボードを使っているときには、**ビデオ定規**を表示しておくと、「いま、どのアートボードがアクティブなのか」を把握できます。［前面へペースト］、［同じ位置にペースト］などを実行したとき、意図せぬアートボードにペーストされてしまうことを避けられます。

ビデオ定規を表示するには、［表示］メニューの［定規］→［ビデオ定規を表示］をクリックします。デフォルトではショートカットは設定されていません。

ビデオ定規のカラーはカスタマイズできません。

複数アートボードがある場合の切り替え方法

アートボードの切り替え方法を3つご紹介します。

［アートボード］パネル

アートボード番号をダブルクリックして切り替えます（アートボード名の余白も可能）。ただし、アートボード名をダブルクリックするとアートボード名の変更モードに入るので注意が必要。

アートボードナビゲーション

ドキュメント下部にあるアートボードナビゲーションで、「次／前／先頭／最後」のアートボードに切り替え可能です。また、［アートボード名の一覧］アイコンをクリックすると、ポップアップでアートボード名の一覧が表示され、そこから選択することもできます。

キーボードショートカット

キーボードショートカットを使って、アートボードをすばやく切り替えられます。

	テンキーレス	フルキーボード
次のアートボードへ	shift + fn + ▼	shift + page down
前のアートボードへ	shift + fn + ▲	shift + page up
先頭のアートボードへ	⌘ + shift + fn + ▲	⌘ + shift + page up
最終のアートボードへ	⌘ + shift + fn + ▼	⌘ + shift + page down

アートボードをピクセルグリッドに合わせる

Illustratorでアートボードサイズで書き出したときにエッジがボケる問題は、アートボードのXY座標に端数があることに起因します。

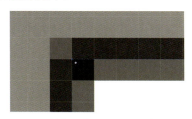

アートボードツールを選択している状態で［オブジェクト］メニューの［ピクセルグリッドに最適化］を実行すれば解決します。

小数点以下の端数が消えることを確認できます。

数字に端数が出る場合には、次の設定を確認してください。

- **基準点（9個のマス）**：左上に設定。デフォルトは「中心」
- **単位**：「ピクセル」

すべてのアートボードの同じ座標にオブジェクトを複製

複数のアートボードを使ってIllustratorで制作しているとき、「残りすべてのアートボードの同じ場所に複製したい」ことがあります。その場合には次の手順で行います。

1. ［編集］メニューの［カット］
2. ［編集］メニューの［すべてのアートボードにペースト］

> カットでなくコピーだと、コピー元のアートボード上のオブジェクトがダブってしまいます。

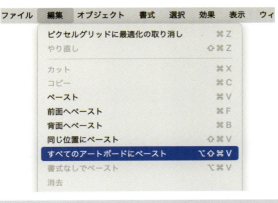

キーボードショートカットは ⌘ + option + shift + V（Ctrl + Alt + shift + V）

特定のアートボードのみに複製

特定のアートボードのみに複製したい場合には［編集］メニューの［同じ位置にペースト］を実行します。

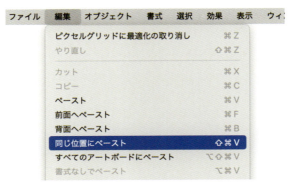

ペースト先のアートボードが選択されていることを確認の上で実行しましょう。

キーボードショートカットは ⌘ + shift + V（Ctrl + shift + V）

アートボード名の変更（1）標準機能

デフォルトでは、次のように行います。

1. ［アートボード］パネルで変更したいアートボードを選択
2. ［アートボード］パネルメニューから［アートボードオプション］をクリック

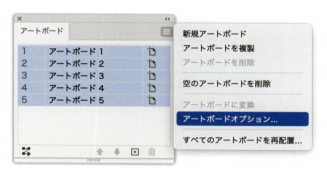

3. ［アートボードオプション］ダイアログボックスが開いたら［名前］に「slide」（例）を入力

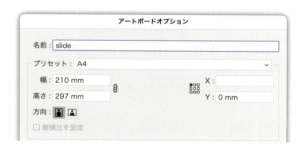

4. 「slide-1」「slide-2」…のようにネーミングされる

アートボード名の変更（2）スクリプトを使って実現する

スクリプトを使うとアートボード名の設定の自由度が増します。

アートボード名、レイヤー名を「指定文字列＋連番」でリネーム

「ゼロ埋め」に対応しているほか、レイヤー名のリネームもできます。

https://nippori30.hatenablog.com/entry/2018/05/08/062823

ダイアログボックス上でアートボード名を一括変更

ダイアログボックス上で各アートボード名を一括で編集できます。連番機能はないため、ほかのアプリを利用します。

https://mochimina.com/renameartboard-jsx/

アートボードのコピー＆ペースト

同じドキュメント内、および、ほかのドキュメントにアートボード単位でコピー＆ペーストできます。同じドキュメント内であれば、ドラッグコピーも可能です。

アートワークだけでなく、アートボードのサイズ、アートボードとの位置も一緒にペーストされます。また、複数のアートボードを同時にコピー＆ペーストできます。

その際、次の2つの設定を確認しておきましょう。

［レイヤー］パネルオプションの［コピー元のレイヤーにペースト］

このオプションをONにすると、コピー元と同じレイヤーにペーストされます。

ペースト先のドキュメントにコピーしたアートワークのレイヤーがないときには自動的に生成され、そのレイヤーにペーストされます。

環境設定で［ロックまたは非表示オブジェクトをアートボードと一緒に移動］

ONにすると、次のオブジェクトが一緒に複製されるようになります（39ページ参照）。

- ロックされたオブジェクト
- 隠されたオブジェクト

062 ドキュメント内のアートワークを個別に扱えるようにするには

ドキュメント内のアートワークを、個別のアートボードにしたり、個別のファイルとして書き出す方法です。

© 宇佐美由里子（Indexdesign）

個別のアートボードにする

1. 適当な間隔が空くように配置し、四角形を作成して選択

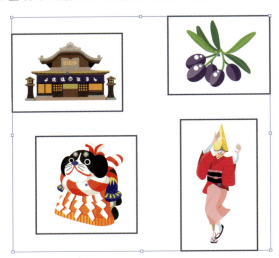

> グループ化してから［アートボードツール］でクリック、またはカンバス上でドラッグしてアートボードに変換することも可能ですが、この操作には少しクセがあります。

267

2. 作成した四角形をすべて選択し、［アートボード］パネルメニューから［アートボードに変換］をクリック

3. 四角形がアートボードに変換される（4つのアートボードが追加される）

> スクリプトを使ってアートボード化する

Blue-Scre{7}n.netさんのスクリプトを使えば、長方形を描く必要はありません。それぞれのアートワークはグループ化してから実行します。

https://blue-screeeeeeen.net/illustrator/20170321.html

なお、このスクリプトを実行すると、最初にあったアートボードは消えてしまいます。残したい場合には、最終行の行頭に「//」をつけて無効にします。

```
// var artrem = app.activeDocument.artboards[0].remove();
```

アートボードごとに別ファイルにする

［別名で保存］コマンドで表示される［Illustrator オプション］ダイアログボックスの［各アートボードを個別のファイルに保存］オプションを ON にすると、アートボードごとに個別のファイルになります。

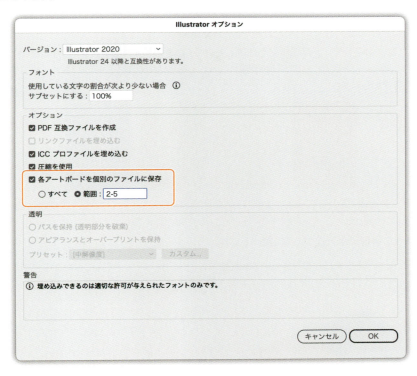

ファイル名を「shikoku.ai」、アートボードの範囲を「2-5」に設定すると、次のファイル名になります。

- shikoku-02.ai
- shikoku-03.ai
- shikoku-04.ai
- shikoku-05.ai

063 見開き出力を想定した制作物での アートボードの扱い

見開きの扱い

たとえば、A4で4ページの制作物を想像してみてください。4つのアートボードを用意し、それぞれに各ページを制作します。確認用やホームページなどでの配布用にはページ順のPDFとして書き出します。

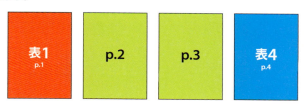

一方、これを A3 二つ折り（A4仕上がり）の印刷物として入稿したい場合、印刷用には「表4＋表1」の見開きと、「2ページ目＋3ページ目」の見開きが必要になります。
このような場合には、次のように制作します。

- 「表4」と「表1」をぴったり並べ、A3横置きのアートボード（5つ目）に合わせる
- 「p.2」と「p.3」をぴったり並べ、A3横置きのアートボード（6つ目）に合わせる

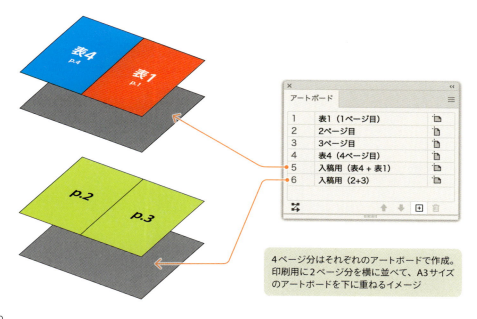

4ページ分はそれぞれのアートボードで作成。印刷用に2ページ分を横に並べて、A3サイズのアートボードを下に重ねるイメージ

270

アートボード上では次のように見えます。アートボードの整列ではキーオブジェクトを使えません。ぴったり合わせるには、[変形]パネルの値を利用します。

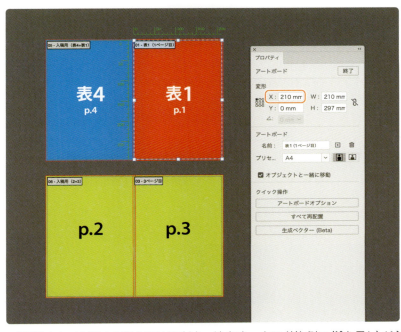

なお、印刷物として入稿する場合には天（上）・地（下）・小口（外）側に〈塗り足し〉が必要です。見開きとして2つのアートボードを並べる場合、デザインがずれたり、継ぎ目が不自然にならないよう、連結部を慎重に扱ってください。

特定のアートボードのみを出力する

A3二つ折り（A4仕上がり）の印刷物として入稿したい場合には、[書き出し]ダイアログボックスの[範囲]に「5-6」のように指定することで出し分けします。

連続しないアートボードを指定する場合は「1, 3」のように「,」でつなぎます。

Illustratorでは[書き出し]コマンドからPDF変換を行えるようになりました。[別名で保存]や[コピーを保存（複製を保存）]を使わずに、[書き出し]コマンドを利用しましょう（297ページ参照）。

064 白いオブジェクトが見やすくなるように アートボードの背景色を設定する

たとえば、白いアイコンを作成したり、白いテキストを編集する際、ドキュメントの背景が白のため、背景にカラーのオブジェクトを置くなどの対応が必要です。そこで、アートボードの背景色を設定する方法を比較してみます。

紙色のシミュレート

［ドキュメント設定］ダイアログボックスで次の設定を行うと、アートボード内のみ、背景色が付きます。

- ［紙色のシミュレート］をON
- グリッドカラーの上の方だけを設定

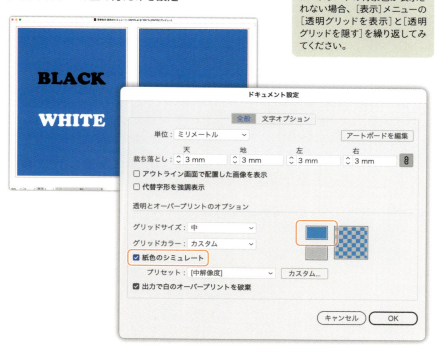

アートボードの背景色が表示されない場合、［表示］メニューの［透明グリッドを表示］と［透明グリッドを隠す］を繰り返してみてください。

〈紙色のシミュレート〉はオーバープリントプレビューをONにすると、白いオブジェクトが見えなくなってしまいます。オーバープリントプレビューを気にしなければシンプルな解決方法ですが、画像として書き出したり、PDF変換したときにアートボードの背景色は反映されませんので注意が必要です。

透明グリッド

［表示］メニューの［透明グリッドを表示］をクリックすると、**透明グリッド**（白とグレーの市松模様）が表示されます。

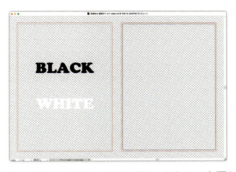

［ドキュメント設定］ダイアログボックスで、2つのグリッドカラーを同じカラーに設定すると、アートボード内だけではなく、キャンバス全体に背景色が付きます。

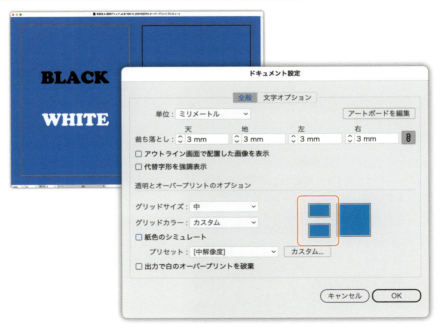

オーバープリントプレビューのON/OFFは影響しません。画像として書き出したり、PDF変換したときにアートボードの背景色は反映されません。

長方形を描いて設定する

画像として書き出したり、PDFに変換したいときには、オブジェクトとして描きます。

- オーバープリントプレビューの影響は受けない
- 「別レイヤーに移動し、背面に送ってロック」までをスクリプトで用意しておくとよい

書き出したくないとき

書き出し画像やPDFに含めたくない場合には、別レイヤーに移動し、「テンプレート」レイヤーにしておきます。

 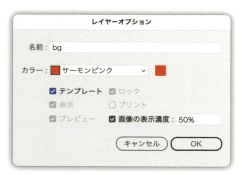

「テンプレート」レイヤーにすると、自動的に[プリント]オプションがOFFになります。ただし、[スクリーン用に書き出し]コマンドでは含まれます（バグ）。

比較

- カラーが適用される領域
- アートボードのサイズ変更時に自動的に拡張（縮小）されるか？
- 画像書き出しやPDF変換時に含められるか？

	カラーが適用される領域	自動拡張	書き出し
紙色のシミュレート	アートボード内のみ	拡張される	含まれない
透明グリッド	カンバス全体	拡張される	含まれない
長方形を描いて設定	オブジェクトのみ	拡張されない	含まれる

印刷向けのデータ作成では、オーバープリントプレビューへの対応も視野に入れましょう。

環境設定を
自分好みに育てていく

8

065 キーボードショートカットを "秘伝のタレ"として育てていく

キーボードショートカットを効率よく検索しよう

［キーボードショートカット］ダイアログボックスには検索バーがあり、ツールやメニューコマンドの一部を入力して簡単に検索できます ❶。

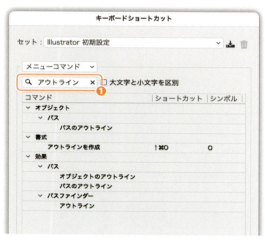

また、ショートカットキー自体を入力して、逆引き検索も可能です ❷。

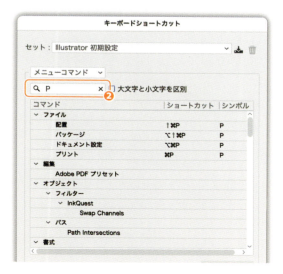

キーボードショートカット設定ファイルの原本をクラウドに置く

せっかくキーボードショートカットをカスタマイズしても、バージョンアップや再インストールで設定が消えてしまうと、やる気がそがれてしまいます。"秘伝のタレ"として育てていくために、キーボードショートカットの設定ファイルをクラウドで管理していきましょう。

キーボードショートカット設定ファイルの原本を、Dropbox や Creative Cloud Flies などのクラウドに置き、それを Illustrator に認識させることで次のメリットを得られます。

- 常にクラウドに最新版がアップデートされる
- クラウドの履歴機能でファイルを遡れる
- 複数の PC から参照できる
- ほかの人も参照できる（チームで扱う場合など）

設定手順

1. ［編集］メニューの［キーボードショートカット］をクリックして、［キーボードショートカット］ダイアログボックスを開き、「キーセットファイル」を作成する

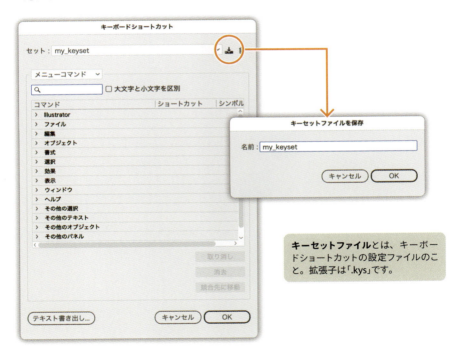

キーセットファイルとは、キーボードショートカットの設定ファイルのこと。拡張子は「.kys」です。

2. いったん、Illustrator は終了

3. option を押しながら［移動］メニューをクリックして、「ライブラリ」フォルダーを開く

4. 「/Library/Preferences/Adobe Illustrator 28 Settings/ja_JP/」の中にあるキーセットファイル（拡張子は「.kys」）を探す

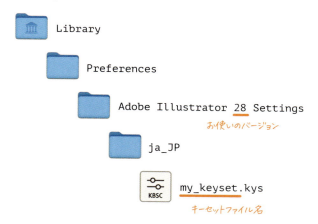

> 読み込みをスマートに行うには、次のようなShell Scriptで「原本のシンボリックリンクを所定の場所に作成」します。ドキュメントプロファイルも同様です。
>
> ```
> ln -s -f -n ~/Dropbox/sync-setting/ai/キーボードショートカット/sw-2020.kys
> ~/'Library/Preferences/Adobe Illustrator 28 Settings/ja_JP/
> ```

5. キーセットファイルをDropboxやCreative Cloud Filesなど、クラウドに移動する

6. エイリアス（またはシンボリックリンク）を作成し、元の場所に戻す

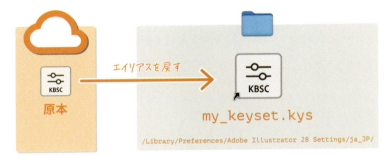

7. Illustratorを起動して、［キーボードショートカット］ダイアログボックスでキーセットファイルが認識されることを確認する

これ以降、キーボードショートカットの変更は、クラウド上の原本に対して行われるようになります。

Illustratorの再インストールやバージョンアップ時

Illustratorの再インストールやバージョンアップ時には、「キーセットのエイリアスを所定の場所に置く」作業のみ行います。

066 ドキュメントプロファイルを育てて自分好みのイラレにしていく

「新規ドキュメント」には過去の作業の履歴が残らないため、スウォッチやアートワークを毎回作り直したり、ほかのドキュメントからコピー＆ペーストしたり、読み込むなど、"資産"を使い回すのが面倒です。

次に挙げる課題は**ドキュメントプロファイル**を活用することで解決できます。つまり、自分好みのIllustratorに育てていけるのです。

- デフォルトのフォントを変更したい
- 新規ドキュメントを開いたタイミングで［スウォッチ］パネルが自分好みになっていてほしい
- せっかく作ったグラフィックスタイル（やシンボル）を新規ドキュメントですぐに使いたい

ドキュメントプロファイルとは

新規ドキュメントを作成するには、［新規ドキュメント］ダイアログボックスで「A4」などのサムネールを選択し、［作成］ボタンをクリックします。

この「A4」は「~/Library/Application Support/Adobe/Adobe Illustrator 28/ja_jp/」の「New Document Profiles」フォルダー内の「プリント.ai」を参照しています。これが**ドキュメントプロファイル**です。

New Document Profiles

/Users
/(user name)
/Library
/Application Support
/Adobe
/Adobe Illustrator 28
/ja_jp
/New Document Profiles

- Web.ai
- アートとイラストレーションai
- フィルムとビデオai
- プリントai
- モバイル.ai

「ドキュメントプリセット」は、「ドキュメントプロファイル」にサイズの情報を加えたものです。

ドキュメントプロファイルに記録されるもの

オリジナルのドキュメントプロファイルには、次のパネルに変更を加えられます。

- スウォッチ
- シンボル
- グラフィックスタイル
- ブラシ
- 段落スタイル
- 文字スタイル

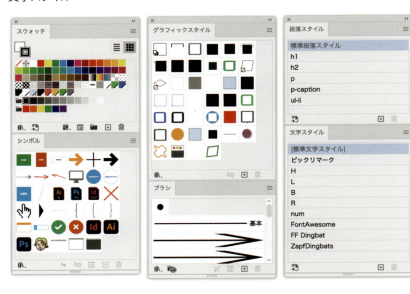

Illustratorテンプレートとの違い

Illustratorには、テンプレート（Illustrator Template）というドキュメントプロファイルに似た機能があります。

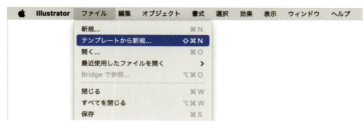

テンプレートの拡張子は「.ait」。このファイル形式にしておくことでテンプレートとして利用できるようになります。

どちらも、新規ドキュメントを作る際の「元」となりますが、ひとつだけ違いがあります。

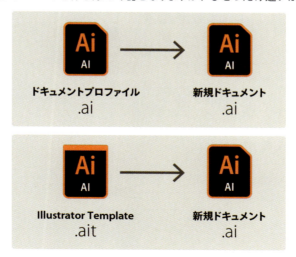

ドキュメントプロファイルの場合には、アートボード上のオブジェクト（やガイド）が新規ドキュメントに引き継がれません。

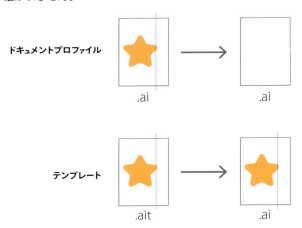

自分用のドキュメントプロファイルを作成する

自分用のドキュメントプロファイルを作成する流れを解説します。

1. ［ファイル］メニューの［新規］をクリックし、［新規ドキュメント］ダイアログボックスを開く
2. ダイアログボックスを少しスクロールされると表示される［詳細設定］ボタンをクリック

ドキュメントプロファイルを複製する

次の手順でドキュメントプロファイルを複製し、リネームします。

1. ［新規ドキュメント］ダイアログボックスが表示されるので、［プロファイル］ポップアップメニューの一番下の［参照］をクリックする

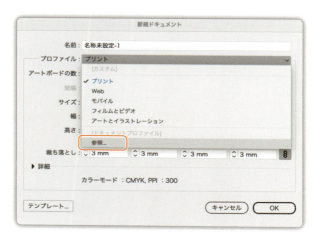

2. 元にしたいドキュメントプロファイルを複製する

3. ドキュメント名を変更する（スクリーンショットでは「プリント -sw.ai」）

4. 複製したドキュメントプロファイルをIllustratorで開いて編集し、保存する

「New Document Profiles」をサイドバーに登録する

ドキュメントプロファイルが入っている「New Document Profiles」をサイドバーに登録しておくことを推奨します。

サイドバーに登録することでプロファイルの複製はもちろん、作成したドキュメントプロファイルに手を加えたいとき、すぐにアクセスできます。

ドキュメントプロファイルのカスタマイズ

デフォルトフォントを変更する

デフォルトフォント（やサイズ）を変更してみましょう。「標準文字スタイル」に手を入れます。

1. 変更したいドキュメントプロファイルをIllustratorで開く
2. ［文字スタイル］パネルを開き、「［標準文字スタイル］」をダブルクリックする

3. ［文字スタイルオプション］ダイアログボックスが開くので、［フォントファミリ］や［スタイル］（ウェイト）、［サイズ］、［カーニング］などを変更する

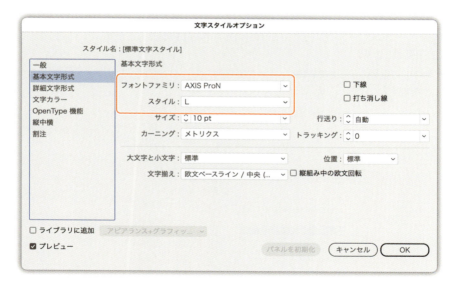

4. ［文字スタイルオプション］ダイアログボックスを閉じる
5. このままではドキュメントを保存できないため、長方形を描画するなど、何らかの作業を行う

ドキュメントプロファイルから新規ドキュメントを作成する

1. ［ファイル］メニューの［新規］をクリックし、［新規ドキュメント］ダイアログボックスで「印刷」などのカテゴリに切り換え（カテゴリは、複製前のドキュメントに依存）
2. ［すべてのプリセットを表示＋］をクリック

3. ドキュメントプロファイルのサムネールが表示されるのでクリック

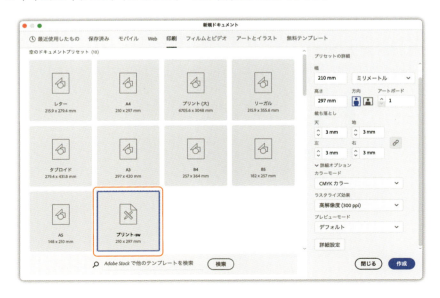

メンテナンス

ドキュメント上にテキストやオブジェクトを配置しておく

ドキュメントプロファイル上のオブジェクトは新規ドキュメントに継承されないことを利用して、テキストやオブジェクトをドキュメントプロファイルのアートボードに残しておきましょう。

- 段落スタイルや文字スタイルを適用したテキスト
- グラフィックスタイルを適用したオブジェクト
- シンボルインスタンス

必要なときにドキュメントプロファイルの元ファイルを開いてカスタマイズしていくことで、Illustratorをどんどん自分好みに仕上げることができます。

段落スタイルなども、フォントサイズや行送りの設定情報を明示しておけば一目瞭然ですし、チームで共有する際にも非常に便利です。

シンボリックリンクを使っての応用

ドキュメントプロファイルはバージョンに依存しますし、操作によってフォルダーごと消してしまうことがあります。

そこで、実際の運用としては次のように管理することをオススメします。

- カスタマイズしたドキュメントプロファイルは、Dropboxなどのクラウドに置く
- カスタマイズしたドキュメントプロファイルのシンボリックリンクを作成し、「New Document Profiles」に移動する

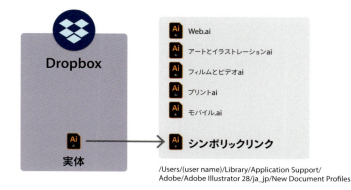

/Users/(user name)/Library/Application Support/
Adobe/Adobe Illustrator 28/ja_jp/New Document Profiles

データの管理と
やりとりで消耗しないために

067 Illustratorの保存でおさえておきたいポイント

「⌘ + S」が最強のノウハウである

定期的な保存により、突然のクラッシュや電源トラブルによるデータ喪失を防ぎ、進行中の作業も安全に保たれます。

自動保存機能が存在するとはいえ、手動保存の信頼性は抜群。「⌘ + S」の習慣化によって効率的な作業リズムを確立し、安心してデザイン作業に集中できます。

> Dropboxのバージョン履歴機能を使う上でも"セーブポイント"として活用されやすくなります。

保存するタイミング

「ある程度、進めてから…」と油断せず、新規ドキュメントを開いたらすぐに保存しましょう。

別名保存によるファイル単位でのバージョン管理

保存と同様に意識して行いたいのが、別名保存によるファイル単位のバージョン管理です。元のファイルを保護しつつ、新しいバージョンを作成することで、過去の作業を安全に保持できます。Illustratorファイル自体が破損して開けなくなることもありますので、別ファイルとして保存するのが安全策と言えます。

たとえば、「abc.ai」というファイルを作業途中で「abc-v2.ai」のようにバージョン番号を付けて別名保存。さらに「abc-v3.ai」のように別ファイルとして保存していきます。

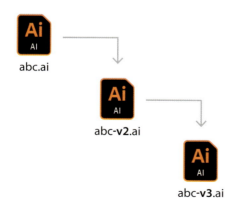

> タイミングとしては、「仕事を始める前」、「休憩後」、「トイレから戻ったとき」など、作業を再開する前に行うことを習慣にするとよいでしょう。
>
> 帰り際にやろうとすると、忘れてしまったり、ほかのことに気を取られてバックアップができなくなることが多いです。

> いかなる運用をしていても、テキストのアウトライン化やアピアランスを分割する前には、別ファイルとして残しておきましょう。

Illustratorのクラウドドキュメントのバージョン履歴やDropboxを利用すれば、同一ファイル内で履歴を管理できます。ただし、意図通りにセーブポイントが保全されるとは限りません。

〈バックグラウンドで保存〉はOFFに

〈バックグラウンドで保存〉機能により、保存中でもドキュメントの編集が可能です。ところが、〈バックグラウンドで保存〉機能を原因としたトラブルが多く報告されています。

〈バックグラウンドで保存〉（および〈バックグラウンドで書き出し〉）機能は、迷わずOFFに設定することを強くオススメします（デフォルトはON）。

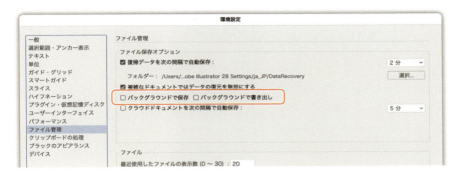

現状では限定的に使う「クラウド保存」

Illustratorでドキュメントを保存する際、次のようなダイアログボックスを目にするでしょう。

- コンピューターに保存（ローカル＝ご自身のPC）
- Creative Cloudに保存（**クラウドドキュメント**として保存）

「クラウドドキュメントには多くのメリットがあります！」と推奨されますが、2024年現在、クラウドドキュメントはリンクファイルが使用できないため、現実的な選択肢とは言えません。

クラウド保存するユースケース

次のような場合には、クラウドドキュメントを選択します。

- iPad版のIllustratorやFrescoとデータをやりとりするとき
- ほかのユーザーと一緒に編集していくとき（※同時編集はできない）

なお、クラウド保存する場合には、リンクファイルをすべて埋め込む必要があります。

［PDF互換ファイルを作成］オプションは最終的にONに

Illustratorファイルを納品や入稿のために他者に渡す場合、必ず［PDF互換ファイルを作成］オプションをONにしておきましょう。

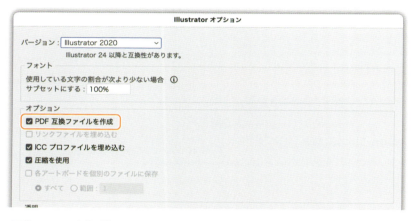

［PDF互換ファイルを作成］オプションがOFFで保存されたIllustratorファイルはInDesign（など）に配置できません。そのため、入稿時、印刷業者が「異なる環境で開いて再保存する」ことになり、元データが変更されてしまうリスクが生じます。

［PDF互換ファイルを作成］オプションをOFFにすると、Mac環境ではQuick Lookも効かなくなってしまいます。

068 Illustratorドキュメントを受け渡す前に必ず利用したいパッケージ機能

パッケージの徹底!!!!

データを他者に渡す際は、必ずパッケージ機能を利用することを基本としましょう。Illustratorのパッケージ機能を使えば、ドキュメントにリンクされたファイルやフォントを一括で収集できます。リンクファイルは「Links」フォルダーに、フォントファイルは「Fonts」フォルダーに集められます。

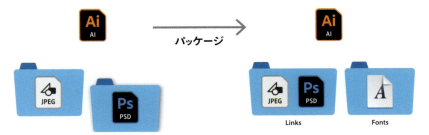

パッケージの手順

パッケージ機能を使って配置画像やフォントを収集する基本的なフローです。

1. [ファイル]メニューの[パッケージ]をクリック
2. [パッケージ]ダイアログボックスで、[場所](保存先)、[フォルダー名]を指定し、[パッケージ]ボタンをクリック

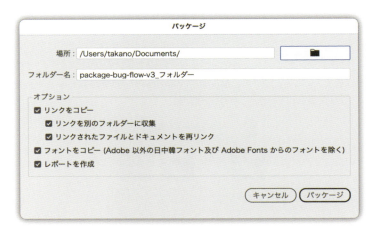

3. フォントに関するアラートが表示されるので、［再表示しない］オプションにチェックを付けて、［OK］ボタンをクリック
4. 「パッケージが正常に作成されました」というメッセージが表示される

パッケージの注意点

同じファイル名

同じファイル名で異なるファイルがIllustratorドキュメントに配置されている場合、パッケージの際、「_01」がファイル名に付加されます。

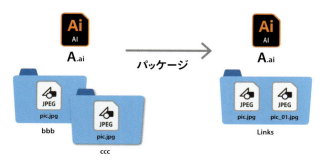

ドッペルゲンガー症候群に注意！

パッケージ機能はファイルを移動せずに複製を作成するため、パッケージ実行後には同じ名前のドキュメント（Illustratorファイルおよび配置ファイル）が2つずつ存在することになります。**どちらを「原本」として修正するかの明確なルールを設定しておくことが不可欠**です。

ルールがなかったり、守られなかったりすると、別々に修正を加えてしまうなどの混乱が生じる可能性があるため、注意が必要です。

「ドッペルゲンガー症候群」という名称は、『超整理法』の野口悠紀雄教授が命名したものです。

ファイル名

ファイル名には英数字、ハイフン、アンダースコアのみを使うのが賢明です。

濁点・半濁点をファイル名に使うと、MacからWindowsへの受け渡しなどで、文字が分かれてしまい、リンク切れしてしまうことがあります。

069 IllustratorファイルをPDFに変換するときの基本

IllustratorからPDFへの変換の全容とポイント

- ［別名で保存］や［コピーを保存］は使わずに［書き出し］コマンドを使う
- 適切なPDFプリセットを選択し、裁ち落とし、トンボ、画像の解像度を設定
- 入稿先からPDFプリセットが用意されている場合には読み込んで使う
- 印刷用のPDFは不可逆。Illustratorで開いて再編集しない
- PDFに埋め込まれるため、フォントのアウトライン化は不要
- PDF/X-4の場合、アピアランスは分割する必要はない
- テキストにアウトラインを作成を実行するなら、先にアピアランスを分割する
- アウトライン化、アピアランスを分割を行う場合には再編集できるデータを必ず残す

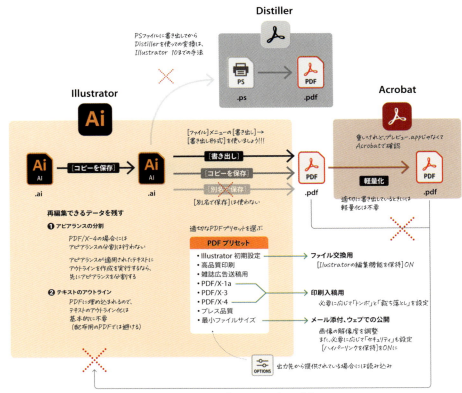

［PDF互換ファイルを作成］オプションとは

［PDF互換ファイルを作成］オプションをONにして保存されたaiファイルは、「ネイティブデータ」と「PDFデータ」の2種類で構成されます。

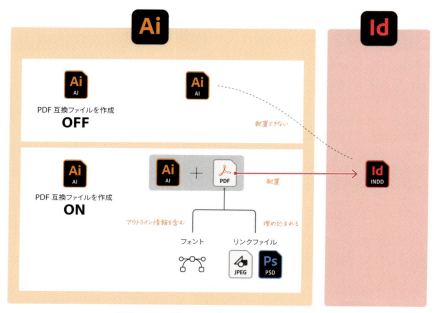

InDesignに配置するときには「PDFデータ」が参照されます。

内部的に生成されるPDFデータにはリンクファイルやフォントのアウトラインデータが埋め込まれます。 そのため、入稿されたIllustratorデータに「リンク切れ」や「テキストがアウトライン化されていない」などの不備があった場合でも、InDesignはPDF部分を読み込むことで処理を続行できます。

制作時はOFFでもよい

［PDF互換ファイルを作成］オプションをONにするとIllustratorファイルが重くなり、保存時間が長くなります。ただし、Appleシリコン（M1/M2…）以降、マシンスペックが劇的に向上していますので、もはや気にしなくてもよいでしょう。

作業中はこのオプションをOFFにして進めても問題ありませんが、**最終的にはONにする**ことを忘れないようにしましょう。

さまざまな書き出し方法

IllustratorからPDFを書き出すには次の方法があります。

コマンド	備考
書き出し→書き出し形式	2024年7月以降
別名で保存	使用は避ける
コピーを保存（旧［複製を保存］）	［書き出し］コマンドでPDF書き出しできなかった時代のスタンダード
スクリーン用に書き出し	アートボードごとに別のPDFとして書き出せる
スクリプト	

PDF変換のワークフロー

PDFの変換には［書き出し］コマンドを使いましょう。

1. ［ファイル］メニューの［書き出し］→［書き出し形式］をクリックして［書き出し］ダイアログボックスを開く
2. ［ファイル形式］を「Adobe PDF（pdf）」に変更し、［書き出し］ボタンをクリック

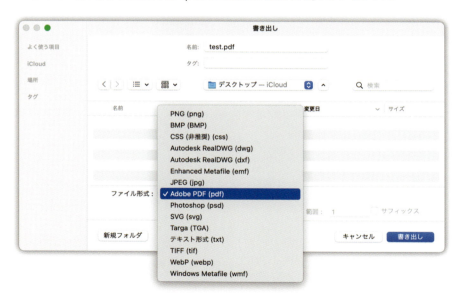

［コピーを保存］を使ってPDF変換するのは過去の手法に

［別名で保存］を使ってPDF変換を行うと、aiファイルは閉じてpdfファイルが開いた状態になります。うっかりそのまま編集を続けてしまい、Illustratorドキュメントに編集内容が反映されないトラブルを経験した方は少なくないでしょう。そのため、［コピーを保存］（複製を保存）コマンドを使うのがセオリーでした。

この問題は、［書き出し］コマンドを使ってPDF変換を行えるようになったことで解決しました（2024年7月にリリースされたIllustrator 2024「28.6」から）。今後は、［書き出し］コマンドを利用しましょう。

3. ［Adobe PDFプリセット］から適切なPDFプリセットを選択
4. ［圧縮］、［トンボと裁ち落とし］など設定を行い、［PDFを書き出し］ボタンをクリックする

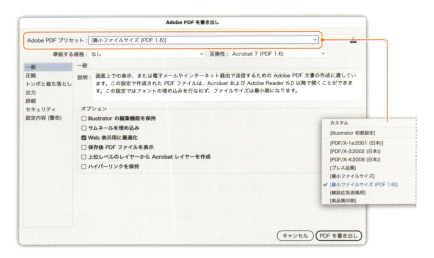

キーボードショートカット

［書き出し］コマンドはキーボードショートカットに設定できますが、［書き出し］ダイアログボックスで毎回［ファイル形式］を選択しなければなりません。

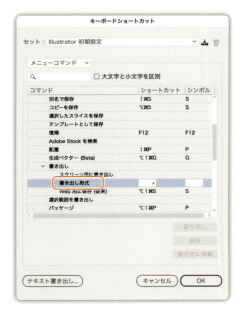

アクション

［書き出し形式］はアクションに登録できます。

- 選択したPDFプリセットは記憶される（パネル内では確認できない）
- PDFのファイル名は元の.aiファイルを参照する
- 書き出し先は変更できない

［ダイアログボックスを表示］オプションをONにすれば、PDFプリセットや書き出し先やファイル名を指定できますが、同じファイル名の場合にスキップされます。

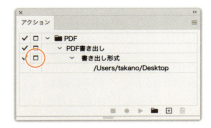

印刷入稿で使うPDF

印刷入稿する場合には、次のいずれかで書き出します。

- PDF/X-1a
- PDF/X-4

いずれの場合にも、フォントや画像は埋め込まれるのでPDFファイルのみで入稿できます。つまり、PDF入稿には次のメリットがあります。

- テキストをアウトライン化する必要がない
- 画像の添付忘れを心配しなくてよい

> 「PDF/X」(ピーディーエフ・エックス)は国際標準化機構(ISO15930)で定義された印刷入稿用のフォーマットです。「PDF/X-1a」(エックス・ワン・エー)「PDF/X-3」「PDF/X-4」(エックス・フォー)などがありますが、**「PDF/X-4」が主流です。**

> 出力先によっては、Illustratorドキュメントをパッケージしたデーター式をPDFと一緒に入稿することを求められることがあります。

トンボと裁ち落とし

「PDF/X-1a」、「PDF/X-4」いずれのPDFプリセットもデフォルトでは**トンボ**と**裁ち落とし**が付加されません。トンボや裁ち落としがそれぞれ必要かどうかは出力先によりますので、出力先のガイダンスを参照して設定してください。

> 変更を加えると、PDFプリセット名には「(変更)」の文字が加わります。その書き出し設定を繰り返し使う場合には、PDFプリセットとして保存しておきましょう。

裁ち落としは一般的に「3mm」を設定します。[ドキュメントの裁ち落とし設定を使用]オプションをONにするとIllustratorの[ドキュメント設定]を参照します。

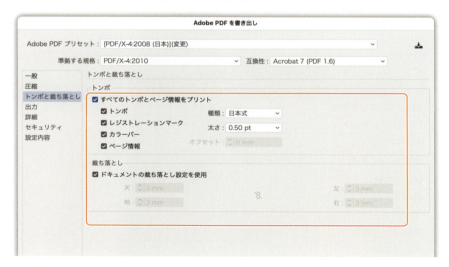

PDF プリセット

Illustrator から PDF 変換を行うとき、適切なプリセットを選ぶことが重要です。目的ごとに、どのプリセットを選べばよいかを把握しておきましょう。

Illustrator 初期設定

このプリセットを使用して作成した PDF では、Illustratorで再度開いたときにもデータの損失はない。Illustratorのバージョンがわからない相手先とデータをやりとりするときに用いる。

高品質印刷

デスクトッププリンターや校正デバイスでの高画質印刷に適した PDF を作成。

雑誌広告送稿用

雑誌広告デジタル送稿推進協議会によって策定されたデータ制作ルールに基づいて、雑誌広告送稿用の PDF ファイルを作成。

> Illustrator 10までは、**PostScript ファイルを書き出し、Acrobat Distiller を使って PDF に変換を行っていました。現在は使いません。**
> PostScriptファイルは透明（アピアランス、描画モード、不透明度）を扱えないこともあり、現実的なワークフローではありません。

PDF/X-1a（2001 および 2003）

印刷に適した PDF を作成。カラーは CMYK と特色。透明部分は統合される。

PDF/X-4（2008）

透明効果（透明が分割、統合されない）と ICC カラーマネジメントをサポート。

プレス品質

デジタル印刷やイメージセッタ/CTP への色分解などを目的とした印刷工程用の PDF ファイルを作成。

最小ファイルサイズ
最小ファイルサイズ（1.6）

ウェブの表示や電子メールでの配信に適した PDF ファイルを作成。画像は比較的低い画像解像度にリサンプリングされる。すべてのカラーは sRGB に変換される。

> Windows 環境では「PDFプリンター」がありますが、利用は避けましょう。

	プリセット	準拠する規格	互換性	一般 編集機能を保持	圧縮 カラー	グレースケール	白黒
✓	**Illustrator 初期設定**	なし	PDF 1.6	✓	ダウンサンプルしない		
✓	**PDF/X-1a:2001**	PDF/X-1a:2001	PDF 1.3	✕	300	300	1200
	PDF/X-3:2002	PDF/X-3:2002	PDF 1.3	✕	300	300	1200
✓	**PDF/X-4:2008**	PDF/X-4:2008	PDF 1.6	✕	300	300	1200
	プレス品質	なし	PDF 1.4	✓	300	300	1200
	最小ファイルサイズ	なし	PDF 1.5	✕	100	150	300
✓	〃 （1.6）	なし	PDF 1.6	✕	100	150	300
	雑誌広告送稿用	PDF/X-3:2002	PDF 1.3	✕	ダウンサンプルしない		
	高品質印刷	なし	PDF 1.4	✓	300	300	1200

用途別 PDF プリセットの選択

どのプリセットを選択すればよいかのガイドラインです。

目的	ファイル形式	備考
Illustrator 形式の代わりに	「Illustrator 初期設定」	データを渡す相手の使っている Illustrator のバージョンがわからないとき
印刷入稿用	「PDF/X-1a」、「PDF/X-4」	必要に応じてトンボや裁ち落としを設定
メールでのやりとり、ウェブでの公開用	「最小ファイルサイズ」「 〃 （1.6）」	ビットマップ画像の画質を下げ、ファイルサイズを下げる
iPad などでの閲覧	「最小ファイルサイズ」＋カスタム設定（後述）	出力カラー設定、画像のサンプリングなどをカスタム設定する

「最小ファイルサイズ」ではカラースペースが「sRGB IEC61966-2.1」になります。iPhone や iPad などのデバイスで"色が転ぶ"現象を回避できます。

Adobe PDF プリセットの読み込み

多くの印刷会社では、どのように入稿してほしいかを定義した PDF プリセットをファイルとして配布しています。

拡張子は「.joboptions」です。

［編集］メニューの［Adobe PDF プリセット］をクリックし、［Adobe PDF プリセット］ダイアログボックスで［読み込み］ボタンをクリックして、PDF プリセットを読み込みます。

詳細設定			
カラー変換	出力先	プロファイル	PDF/X 出力インテント
変換しない	（N/A）	含めない	N/A
出力先の設定に変換	ドキュメント CMYK	（含めない）	ドキュメント CMYK
変換しない	（N/A）		ドキュメント CMYK
	（N/A）	含める	
出力先の設定に変換	ドキュメント CMYK	含めない	N/A
	sRGB IEC61966-2.1	含める	
変換しない	（N/A）		Japan Color 2001 Coated
	（N/A）	含める	N/A

フォントの埋め込み

どの「PDFプリセット」を選択していても、フォントのアウトラインデータは埋め込まれます。<u>PDF化するために、Illustratorで事前にテキストをアウトライン化する必要はありません。</u>

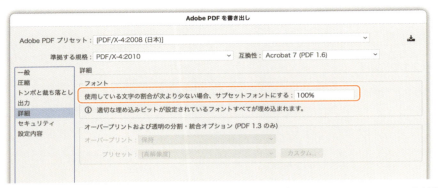

正確には**サブセット**といい、PDFファイル内で使用される文字のみのアウトラインデータが埋め込まれます（サブセットの対義語は**フルセット**）。

PDF変換前のフォントのアウトライン化

入稿先によってアウトライン化が必要になることもありますが、<u>文字校正などのレビュー用やサイトで公開する場合には、テキストをアウトライン化しないようにしましょう。</u>

テキストがアウトライン化されていると、**文字としての情報が欠落してしまうため、利用される方の利便性を著しく損ねてしまいます。**

- PDF内で検索ができない
- テキストのコピーができない（〈コメント〉機能での校正指示の際に困る）

PDF内で「目次」や、ウェブサイトに誘導する場合にはリンクを設定しておきたいもの。さらに、Acrobatで見る場合には、PDFの「しおり」機能があると利用者は重宝します。

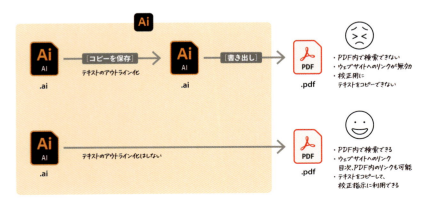

セキュリティ（利用制限）

機密情報や知財、財務情報などを共有する場合などにはPDFに「セキュリティ」を設定します。

PDFの「セキュリティ」とはPDFの変更や印刷、テキストのコピーなどを、利用者に限定することです。

次の項目を必要に応じて設定したり、パスワードを設定したりします。

カテゴリ	項目	オプション		機密情報	財務情報	会社案内
パスワード	**ドキュメントを開くとき**			✓	✓	✗
	セキュリティと権限の変更			✓	✓	✓
Arobat 権限	印刷	なし	※印刷を許可しない	✗		
		低解像度（150ppi）			✓	
		高解像度				✓
	変更を許可	なし	※変更を許可しない	✓	✓	✓
		ページの挿入、削除、回転				
		フォームフィールドへの記入と署名				
		注釈、フォームフィールドへの記入と署名				
		ページの抽出を除くすべての操作				
	テキスト、画像、およびその他の**内容のコピー**			✗		✓
	スクリーンリーダーデバイスのテキストアクセス			✓	✓	✓

機密情報、財務情報、会社案内の許可／禁止は一例です。

070 Illustratorドキュメントから"軽い"PDFファイルを書き出す

PDFの重さの原因

メール送受信やウェブサイトでの公開などでは、PDFファイルを少しでも軽くしたいものです。PDFの重さはビットマップ画像に起因します。画像のダウンサンプル（＝解像度を間引くこと）によって、より軽いPDFになります。

軽いPDFを書き出す手順

Acrobatを使わなくても、Illustratorだけで軽いPDFを書き出せます。

1. ［ファイル］メニューの［書き出し］→［書き出し形式］をクリックして［書き出し］ダイアログボックスを開く
2. ［ファイル形式］を「Adobe PDF（pdf）」に変更し、［書き出し］ボタンをクリック
3. ［Adobe PDFを保存］ダイアログボックスが開いたら、［Adobe PDFプリセット］から「**最小ファイルサイズ（PDF 1.6）**」を選択
4. リンクを保持するなら［**ハイパーリンクを保持**］オプションをONにする

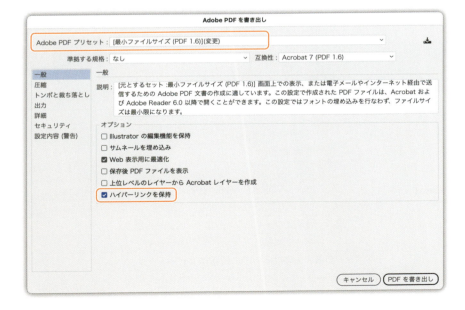

5. ［圧縮］カテゴリに切り換え、［カラー画像］のダウンサンプルの解像度を調整

- デフォルトは「100」(ppi) ……「150」から「240」程度に変更

［次の解像度を超える場合］の解像度をダウンサンプル解像度の+1に設定すると徹底的に解像度を落とせます。

- 書き出したPDFで画像が荒れている場合には［圧縮］や［画質］を調整

ダウンサンプルとは、画像内のピクセル数を減らすことです。

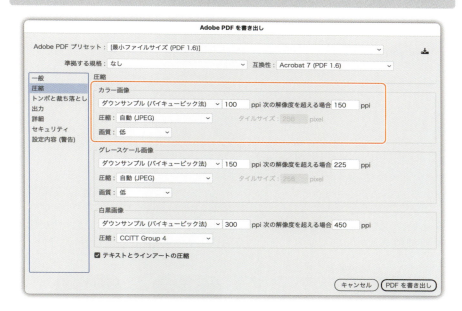

Illustratorでのリンクの設定方法

Illustratorでオブジェクトやテキストからウェブサイトへのリンク（ハイパーリンク）を設定したい場合には、次の手順で行います。

1. ［属性］パネルを開き、リンクを設定したいオブジェクトを選択して、［イメージマップ］に「長方形」を選択
2. ［URL］にリンク先を入力（コピー&ペースト）

カラー設定

「最小ファイルサイズ」または「最小ファイルサイズ（PDF 1.6）」を選択すると、カラースペースは「sRGB IEC61966-2.1」になります。

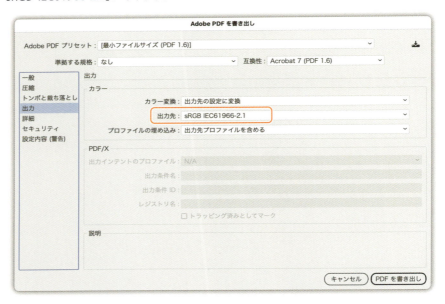

カラースペースをsRGBにすることでiPhoneやiPadなどのデバイスで見たとき、"色が転ぶ"現象を回避できます。

Illustratorでの作業画面

PDF/X-4（2008）　　　最小ファイルサイズ

AcrobatでのPDFの軽量化

Acrobatには、いくつかの軽量化ソリューションが用意されています。

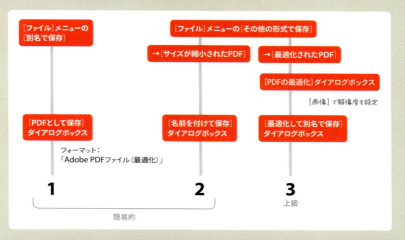

[ファイル]メニューの[その他の形式で保存]→[最適化されたPDF]を選択したときだけ、[PDFの最適化]ダイアログボックスで画像の解像度を設定できます。

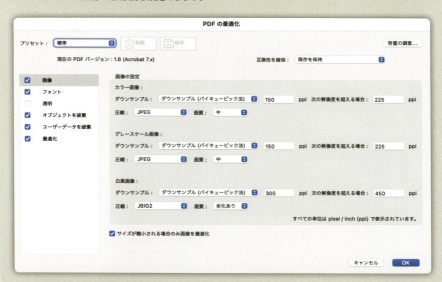

Illustratorから書き出したPDFをAcrobatで軽量化する方法もありますが、Illustrator内で処理を完了させられます。Acrobatでカラースペースを変更するのはやや手間がかかるため、Illustrator内で処理を済ませる方が効率的でしょう。

複数のアートボードとPDF書き出し

複数のアートボードを使っている場合には、[アートボードごとに作成]オプションが自動的にONになります。

[すべて]（それぞれのアートボードを1ページとするPDF）、または[範囲]で変換するPDFの対象となるアートボードを選択できます。このダイアログボックスでは、アートボードごとにバラバラのPDFとしては書き出せません。

アートボードごとに個別のPDFファイルに書き出す

アートボードごとに個別のPDFファイルに書き出すには、**スクリーン用に書き出し**を利用します。[PDFの書き出し形式]で「複数ファイル」を選択します。

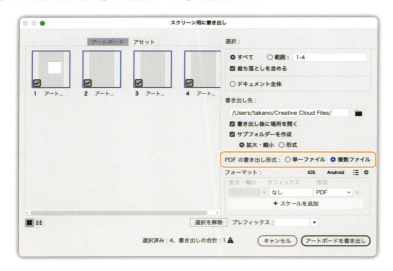

071 ファイル名を付けるときに配慮したい4つのポイント

OSで禁止されている記号があることを意識する

MacとWindows間でファイルをやりとりする際、ファイル名に相手のOSで禁止されている文字列を使うことはトラブルの元。特に避けたいのは次の記号です。

- 「：」コロン
- 「/」スラッシュ
- 「¥」円記号

トラブルを未然に防ぐため、記号はハイフンとアンダースコアだけにしておくのが無難です。

ひらがなやカタカナの濁点は避ける

MacとWindows間でファイルをやりとりする際、「プ」のように半濁点（や濁点）のある文字が「フ」と「°」に分かれてしまうことがあります。これによってInDesignのリンクファイルでリンク切れが生じます。

よってファイル名には英数字（と一部の記号）のみを使うのが望ましいです。

スペルミスに注意する

デザイナーから「rogo.ai」や「bland.ai」のようなスペルでファイルが送られてくることがあります。正しくは「logo.ai」、「brand.ai」です。

「中身（＝デザイン）がすべて」とも言えますが、人によっては「この意識レベルだとすると、デザインは大丈夫かしら？」と信頼性に疑問を持つ人もいるでしょう。面と向かって指摘されることが少なく気づきにくいので注意したいものです。

受け取った相手が"開かなくてもわかる"ファイル名にする

たとえば、制作したロゴのデザインを送る際、ファイル名を「logo.ai」にしてしまいがちです。これは「正しさ」という点では間違っていませんが、**「logo.ai」だけでは、そのロゴが会社のものか製品のものか、また、完成版なのかドラフトなのかわかりません。**

汎用的なファイル名は、受け取り側にとって名称変更や確認のために開く手間がかかり、管理コストが増してしまいます。たとえば「logo-dtptransit.ai」のように、固有の名称やバージョン情報を含めたファイル名にすることが望ましいです。受け取った相手が**"開かなくても内容がわかる"**ファイル名にできないかを考えてみましょう。

072 ファイルのやりとりなしに レビューしてもらえる〈レビュー用に共有〉

Illustratorで制作したデザインをクライアントに確認してもらう際、多くの場合は画像ファイルやPDFを添付ファイルとして送信するでしょう。

〈レビュー用に共有〉機能を使えば、デザインをオンラインで共有し、フィードバックを効率的に収集でき、確認や修正のプロセスをスムーズに進められます。

A　デザイナーはURLをクライアントに送る（ファイルを送る手間を省ける）
B　クライアントはブラウザー上でデザインを確認し、コメントを直接書き込む
C　クライアントが書き込んだコメントはIllustratorの［コメント］パネルで確認できる

〈レビュー用に共有〉は、特に非アドビユーザーのクライアントとのやりとりに便利です。

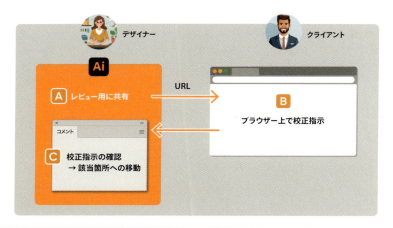

「レビュー用に共有」の流れ

1. Illustratorで共有したいドキュメントを開いている状態でアプリケーションバーの［共有］ボタンをクリック

「レビュー用に共有」機能を使うためにクラウドドキュメントとして保存する必要はありません。一方で、［編集に招待］機能を使用するためには、クラウドドキュメントとして保存する必要があります。〈編集に招待〉を使うことで、他のユーザーもドキュメントの編集が可能になりますが、Googleドキュメントのような同時編集はできません。

2. 「レビュー用に共有」のダイアログボックスが開くので[リンクを作成]ボタンをクリック

> ドキュメントに複数のアートボードがある場合、共有したいアートボードを指定できます。

3. リンクが生成されるので、[コピー]の文字列をクリック（URLがコピーされる）
4. コピーしたURLをメールやチャットでクライアントに送信する

ファイル転送サービスの是非

「メール添付は相手の負担につながるので、ファイル転送サービスでURLだけ送る」のもよいのですが、ダウンロードそのものが手間ですし、別送のパスワードを入力するのも面倒です。さらに、「ダウンロードしようと思ったら期限切れ」という事態も生じます。

レビュワーのアクション

受け取ったURLをクリックするとブラウザーが開き、内容を確認したうえでレビューを記入できます。その際、指定箇所に「ピン留め」📌したり、「シェイプを描く」✏️機能を使って図を描き、「ここ」を示せます。

デザイナーのアクション

Illustratorで該当ファイルを開いた状態で［コメント］パネルを開くと、レビュワーのコメントが自動的に表示されます。また、［コメント］パネルのアイコンをクリックすると、アートボード上でその箇所がハイライトされるため、レビュー箇所を簡単に確認できます。

アクセスを制限（パスワード設定）

デフォルトでは「リンクを知っているユーザーがコメント可能」ですが、メールアドレスで特定の「ユーザー」を招待したり、パスワード設定をすることでアクセスを制限しつつ安全にレビューを依頼できます。

1. 「レビュー用に共有」のダイアログボックス右下の［…］をクリック ❶
2. ［リンク設定］を選択 ❷ し、［リンク設定］画面に移動
3. パスワードを入力し、［パスワードを設定］をクリック ❸
4. ［リンクとパスワードをコピー］ボタンが表示されたらクリック ❹

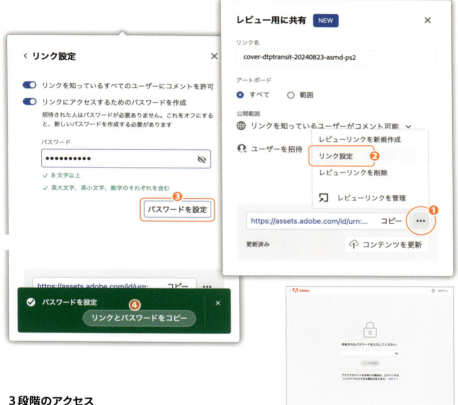

3段階のアクセス

- リンクを知っているすべてのユーザー
- 招待されたユーザーのみ
- パスワードを知っているユーザー

073 ミスやロスを防ぐための適切なロゴの受け渡し

外部とのデータのやりとりで頻度の高いロゴの受け渡しの基本事項をまとめておきます。

データの仕上げ

パスファインダーを使ってムダなシェイプを削除

- パスファインダーを使って不要なシェイプを削除する
- 透明に見せるために配置した白い図形は、背面の影響で白くなるため、パスファインダーでくり抜いておく

- 隣接する同じ色のオブジェクトはパスファインダーで合体させる

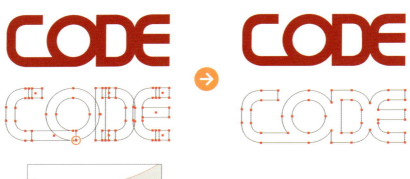

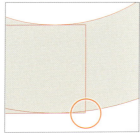

単純に合体するだけでなく、アンカーポイントが少なくなるように調整し、結合部などに不自然な箇所がないかをチェックしましょう。

〈線〉は〈塗り〉に変換

線幅の設定によって太さを調整している場合、拡大／縮小によりバランスが崩れる可能性があります。［パスのアウトライン］コマンドで〈塗り〉に変換しておきます。

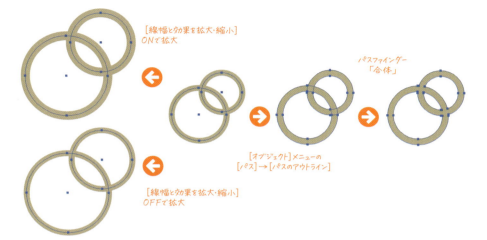

テキストはすべてアウトライン化する

フォントの変更やカーニングの崩れを防ぐため、テキストはアウトライン化します。

効果は使用しない

効果を使っている場合には、［アピアランスを分割］で拡張しておきます。

不透明度や〈グループの抜き〉を使わない

不透明度や〈グループの抜き〉は、ロゴを使用する環境によって、意図通りに表示／出力できないことがあります。［透明部分を分割・統合］コマンドで拡張しておきます。

レギュレーション

- プリントメディア用のCMYKデータとウェブ用のRGBデータを別々に用意し、カラー指定を記入する
- 白バック／黒バック、カラー／モノクロ、正方形／横長など、想定される使用状況に応じたバリエーションを用意する
- アイソレーションゾーン（ロゴのまわりの余白）についても明示

ガイドラインのウェブページ

メール添付ではなく、レギュレーションやガイドラインをまとめたページを作成し、そのURLを案内するのがスマートです。

索引

アルファベット

Acrobat	151
Adobe Express	220
Adobe Fonts	41, 119
CCライブラリ	75, 184
ChatGPT	230
GPUプレビュー	22
InDesign	147, 184, 221
Keyboard Maestro	224
Live & Sync	50
OpenType	153
PDF	64, 184, 271
PDF/X-4	64, 299, 300
PDF互換ファイルを作成	292, 296
PDFプリセット	300
PDF変換	184, 271
Photoshop	251
QRコード	218
Quick Look	232
Retype	148
SPAi	223
XtreamPath	77

あ

アートボード	39, 192, 229, 254, 308
アートボードサイズ	210
アートボードに変換	268
アウトライン化	94, 315
アクション	213
アクションの保存	217
アピアランスを分割	60, 66, 107
アンカーポイント	194, 234
異体字	40, 128
インデント	190
インライン入力	23, 226
ウェイト	116, 117, 147
埋め込みを解除	243

（右段）

エクステンション	218
エリア内文字	42, 110, 132
欧文ベースライン	126
オーバーセット	134
オーバープリントプレビュー	272
オーバーフロー	132
オープンパス	84, 90
お気に入り	118
同じ位置にペースト	263
オブジェクトを再配色	156
オプティカル	124, 153
音引き	137, 145

か

外字	128
ガイドを解除	208
囲み文字	101
カスタムツールバー	27
画像トレース	220
画像の切り抜き	249, 251
仮想ボディ	198
画像を埋め込み	242
角丸	76, 82
カプセル型	98
紙色のシミュレート	272
カラーグループ	162
カラーフォント	147
カンバス	18, 254
キーオブジェクト	192, 197
キー入力	179
キーボードショートカット	193, 276
基準点	95, 187, 262
行送り	122, 136, 191
行間	96, 191
強制改行	133
共通選択	173
行頭行末揃え	136
禁則処理	137

均等配置 ……………… 134, 136, 191
クイックアクション ……………… 220
クイック操作 …………………… 31
組み方向 ………………………… 130
クラウドドキュメント …………… 291
グラデーション ………………… 157
グラフィックスタイル ………… 50, 72
グリッドに分割 ………………… 210
クリッピングマスク …………… 249
クリップグループ ……… 108, 240, 249
グリフにスナップ ……………… 198
黒丸数字………………………… 101
形状に変換……………………… 67
源ノ角ゴシック ……………… 92, 196
効果
　［オブジェクトのアウトライン］効果 ……… 94
　［角を丸くする］効果 …………… 100
　［形状に変換（角丸長方形）］効果 ……… 98
　［パスのオフセット］効果 ……… 77, 103
　［パスの自由変形］効果 ………… 89
　［パスファインダー（アウトライン）］効果 … 87
　［パスファインダー（切り抜き）］効果 111, 185
　［パスファインダー（追加）］効果 …… 98
　［パスファインダー（中マド）］効果 … 103
　［パスファインダー（分割）］効果 …… 105
　［ラフ］効果…………………… 76
合成フォント …………………… 140
固定幅…………………………… 152
コピーを保存 …………………… 297
コラム風ボックス …………… 78, 186
混植……………………………… 140
コンテキストタスクバー ………… 32

さ

最近使用したフォント ………… 43, 119
座布団…………………………… 92, 110
色相環…………………………… 156
字形の境界に整列……………… 196
自動カーニング ………………… 135
自動サイズ調整 ………………… 42
ジャスティフィケーション ……… 122
自動カーニング ………………… 123
縦横比…………………………… 134
詳細なツールヒント …………… 38
書式なしでペースト …………… 154

白丸数字………………………… 101
シンボル………………………… 56
シンボルインスタンス ………… 57, 58
スウォッチ ……………………… 183
ズーム…………………………… 21
スクラブズーム ………………… 20
スクリーン用に書き出し ………… 308
スクリプト ……48, 131, 150, 195, 222, 265, 268
スタティックシンボル…………… 56
スナップ ……………………… 186, 211
スピンボタン ………………… 127, 179
すべてのアートボードにペースト…… 263
スマートガイド ……………… 199, 211
スムーズ………………………… 235
スレッドテキスト………………… 190
整列……………………………… 192
セル……………………………… 189
選択オブジェクト編集モード …… 176
選択したオブジェクトを探す…… 178
選択範囲を反転………………… 172
線端……………………………… 181
線の位置………………………… 103
線の延長………………………… 212
線幅……………………………… 47

た

ダウンサンプル ………………… 305
裁ち落とし …………………… 259, 298
縦組み…………………………… 130
縦中横…………………………… 131
タブ形状………………………… 83
タブストップ …………………… 191
単位……………………………… 209
単純化…………………………… 235
ツール
　グループ選択ツール …………… 104
　自動選択ツール ……………… 171
　シェイプ形成ツール …………… 44
　楕円形ツール ………………… 36
　長方形グリッドツール ………… 180
　手のひらツール………………… 23
　文字タッチツール……………… 52
　ライブペイントツール ………… 183
ツールバー …………………… 24, 34
ツメ組み………………………… 124

ディセンダー …………………………… 143
テンプレート ……………………………… 282
等間隔に分布……………………………… 194
等幅 ………………………………………… 152
透明グリッド ……………………………… 273
透明効果…………………………………… 64
ドキュメントのラスタライズ効果設定 ……… 71
ドキュメントプロファイル ……………… 75, 280
特例文字…………………………………… 145
トラッキング ……………………………… 121
トリミング表示 …………………………… 255
トンボ ……………………………………… 298

な

中抜き ……………………………………… 103

は

ハーモニーカラー ………………………… 158
配置………………………………………… 238
配置画像…………………………………… 108
ハイライト ………………………………… 114
パスのオフセット ………………………… 229
パスファインダー ……………… 45, 54, 314
パターン ……………………… 47, 163, 166
バックグラウンド保存 …………………… 291
パッケージ ………………… 241, 293, 299
パネル……………………………………… 28
　［コメント］パネル ……………………… 312
　［字形］パネル ………………… 101, 128
　［スウォッチ］パネル …………………… 164
　［タブ］パネル…………………………… 191
　［文字］パネル ………………………… 115
バリアブルフォント ……………………… 147
判型………………………………………… 258
ピクセルグリッドに最適化 ……………… 262
非破壊…………………………………… 51, 64
ビューの回転 ……………………………… 200
表組み……………………………………… 180
フォントの強調表示 ……………………… 114
フォントの高さ …………………………… 92
フォントファミリー ……………………… 142
複合シェイプ ……………………………… 54
複製を保存………………………………… 297
復帰………………………………………… 35
プラグイン ………………………………… 174

フラット化 ……………………………… 95, 101
プレゼンテーション ………………… 61, 256
プレビュー境界 …………………………… 195
［プロパティ］パネル ………………… 30, 31
プロポーショナルメトリクス ………… 53, 125
ペアカーニング ………………… 124, 135
ベースライン ………………… 145, 196
ポイント文字 ……………………………… 132

ま

マウスホイール …………………………… 179
マスク …………………… 111, 185, 250
マッチフォント ………………………… 148
丸型線端…………………………………… 88
未使用のパネル項目を削除 …………… 213
水玉………………………………… 163, 166
見開き……………………………………… 270
メトリクス ……………………… 53, 124
文字回転…………………………………… 130
文字組みアキ量設定 …………………… 137
文字ツメ ………………………………… 125
モノスペース ……………………………… 152

や

約物………………………………………… 141
ユーザーインターフェイス……………… 18
余分なポイントを削除 ………………… 45, 234

ら

ライニング ………………………………… 153
ライブテキスト …………………………… 149
ライブペイント …………………………… 182
リバウンド ………………………………… 43
リピートグリッド ………………………… 164
両端揃え…………………………………… 190
ルーラーガイド ……………… 203, 204
レイヤー …………………………………… 46
レビュー用に共有 ………………………… 310

わ

ワークスペース ………………………… 28
ワークスペースのリセット……………… 29
和欧間のアキ …………………………… 137
和欧混植…………………………………… 143
和文等幅………………………… 124, 135

著者プロフィール

鷹野 雅弘（たかの・まさひろ）
株式会社スイッチ所属　グラフィックデザイン、エディトリアルデザイン、ウェブ制作の分野で、デザイン、オペレーション、設計・ディレクションなど、25年以上、第一線で手を動かし続けている。そのノウハウをテクニカルライティングや講演に落とし込み、「制作→執筆→講演」のサイクルを回す。

- 2015年から大阪芸術大学 客員教授
- 2017年から Adobe Community Evangelist

DTP制作者向けの情報サイト DTP Transit は 20年目に突入、X（旧Twitter、フォロワー 9.6万超）、note、ライブ配信のオンラインセミナーなどに手を広げている。#朝までイラレ を主催。

謝辞

Illustrator コミュニティの各位にお礼を申し上げます（敬称略、順不同）

- 樋口 泰行
  （イラレおじさん）
- 高橋 としゆき
- 茄子川 導彦
- hamko
- したたか企画

- ONTHEHEAD 宮澤聖二
- 三階ラボ
- タマケン
- コネクリ
- 尾花 暁
- カワココ（イラレラボ）

- 高田ゲンキ
- Paul（0.5秒を積み上げろ）
- ものかの
- すぴかあやか
- 北沢 直樹
- 渋谷 瞳

レビュー協力

- 良太郎
- mayu_blanket
- 池畑ヒロユキ
- やんこ
- ぱんだんしょこら
- sumi kagami
- てらにしゆか
- 岡本 伸吾
- 松木 貴史
- 森 裕司
- Mayu Shimada
- 福井 健
- kurodaitsu
- Natsu
- 相原 早苗

素材提供

- 宇佐美 由里子（Indexdesign）
- 蝦名 晶子（ディーシーティーデザイン）

Special Thanks

- masa
- 黒葛原 道
- ロックオン柳田
- ANTENNNA
- ひろクリギルド
- まるみデザインファーム

Super Special Thanks

- 渋谷 吾郎（GOROLIB DESIGN）
- 岩本 崇（アドビ）

本文デザイン／レイアウト／編集：株式会社スイッチ
担当：傳 智之

お問い合わせ

本書に関するご質問は記載内容についてのみとさせていただきます。本書の内容以外のご質問には
一切応じられませんので、あらかじめご了承ください。なお、お電話でのご質問は受け付けており
ません。小社 Web サイトのお問い合わせフォームをご利用ください。

【お問い合わせ先】
株式会社技術評論社『10倍ラクする Illustrator 仕事術【改訂第3版】』係
URL http://gihyo.jp/book

10倍ラクする Illustrator 仕事術【改訂第3版】
〜 ベテランほど知らずに損してる効率化の新常識

2012年 1月5日 初版 第1刷発行
2024年11月2日 第3版 第1刷発行

著者	鷹野 雅弘
協力	渋谷 吾郎
発行者	片岡 巌
発行所	株式会社技術評論社
	東京都新宿区市谷左内町21-13
電話	03-3513-6150 販売促進部
	03-3513-6185 書籍編集部
印刷／製本	日経印刷株式会社

定価はカバーに表示してあります。
本の一部または全部を著作権法の定める範囲を超え、無断で複写、複製、転載、あるいはファイルに落
とすことを禁じます。
© 2024 Masahiro Takano

造本には細心の注意を払っておりますが、万一、乱丁（ページの乱れ）や落丁（ページの抜け）がございま
したら、小社販売促進部までお送りください。送料小社負担にてお取り替えいたします。
ISBN 978-4-297-14486-9 C3055
Printed in Japan